高职高专
名校名师精品"十三五"规划教材

U0265071

Data Structure
(Python Language Description)

数据结构
（Python语言描述）
微课版

李粤平　王梅 ◎ 编著

人民邮电出版社
北　京

图书在版编目（CIP）数据

数据结构：Python语言描述：微课版 / 李粤平，
王梅编著. -- 北京：人民邮电出版社，2020.8（2023.7重印）
高职高专名校名师精品"十三五"规划教材
ISBN 978-7-115-53152-0

Ⅰ. ①数… Ⅱ. ①李… ②王… Ⅲ. ①数据结构—高
等职业教育—教材 Ⅳ. ①TP311.12

中国版本图书馆CIP数据核字(2019)第287994号

内 容 提 要

本书介绍了常用的数据结构，全书分为 10 章，依次为绪论、线性表、栈和队列、串、广义表、树和二叉树、常用二叉树、图、排序及查找。本书采用 Python 语言来描述和实现各种数据结构，内容丰富，知识点完整，结构层次分明，通过大量插图来讲解算法实现过程，有利于读者理解并巩固数据结构的相关算法思想。

本书可以作为高职高专院校计算机及相关专业的教材，也适合软件开发人员参考使用。

◆ 编　著　李粤平　王　梅

　　责任编辑　左仲海

　　责任印制　王　郁　马振武

◆ 人民邮电出版社出版发行　　北京市丰台区成寿寺路 11 号

　　邮编　100164　　电子邮件　315@ptpress.com.cn

　　网址　https://www.ptpress.com.cn

　　天津千鹤文化传播有限公司印刷

◆ 开本：787×1092　1/16

　　印张：15.5　　　　　　　　　　2020 年 8 月第 1 版

　　字数：404 千字　　　　　　　　2023 年 7 月天津第 6 次印刷

定价：49.80 元

读者服务热线：(010)81055256　印装质量热线：(010)81055316
反盗版热线：(010)81055315
广告经营许可证：京东市监广登字 20170147 号

前 言 FOREWORD

数据结构是计算机及相关专业的一门必修核心课程，也是一门理论性极强的课程。高职高专院校学生在学习时，要学会灵活运用数据结构和算法知识去解决实际问题。

现在热门的大数据和人工智能等领域大多使用 Python 作为开发语言，越来越多的院校采用 Python 语言作为计算机程序设计语言。

党的二十大报告提出：我们要坚持教育优先发展、科技自立自强、人才引领驱动，加快建设教育强国、科技强国、人才强国。本书采用 Python 语言实现常用数据结构，相比于传统的 C 语言，Python 更简洁，更容易学习，读者可以更多地关注数据结构而不是程序设计。通过学习本书内容，读者既能加深对数据结构基本概念的理解和认识，又能提高对各种数据结构进行运算分析与设计的能力。

本书有以下几个特色。

（1）本书运用大量结合文字的插图来介绍数据结构中的算法，图文并茂，使读者更加容易理解算法的本质。

（2）由于不同的数据结构应用场景不同，所以本书有针对性地讲述了许多不同的应用实例，这有利于读者明确数据结构的真实使用场景。

（3）每章后面都附有小结和习题，读者学完一章后仔细完成章末习题，有利于加深对数据结构课程的理解，学会独立思考和解决问题。

本书参考学时为 64 学时，各章的参考学时如下表所示。

各章的参考学时

课程内容	参考学时
绪论	2
线性表	8
栈和队列	8
串	4
广义表	4
树和二叉树	8

续表

课程内容	参考学时
常用二叉树	10
图	12
排序	4
查找	4

由于本书内容较多，任课教师可根据实际教学安排删减教学内容。建议采用理论实践一体化教学模式，培养学生的自学能力。

本书是编者多年工作经验的总结，但由于编者水平有限，书中难免存在不足和疏漏之处，敬请读者批评指正。为方便读者使用，书中全部实例的源代码及电子教案均可免费提供给读者，读者可登录人邮教育社区（www.ryjiaoyu.com）下载。本书配套教学管理网站和在线习题系统，有意使用的院校教师，请联系 liyueping@szpt.edu.cn。

编者

2023 年 5 月

目 录 CONTENTS

第 ❶ 章　绪论

- 了解基本概念。
- 分析逻辑结构、存储结构的异同。
- 掌握算法的时间复杂度和空间复杂度。

在计算机中，对现实世界的对象需要用数据来描述。数据结构这一门课程将讨论数据的各种逻辑结构、数据在计算机中的存储结构以及各种操作的算法设计。

数据结构是一门理论与实践并重的课程，学生需要掌握数据结构的理论知识以及运行和调试程序的基本技能。

1.1　基本概念和术语

1. 数据

数据在计算机系统中特指描述客观事物的数值、字符以及能输入机器且被处理的各种符号集合。

2. 数据元素

数据元素是组成数据的基本单位，是数据集合的个体，在计算机中通常作为一个整体进行考虑和处理，数据元素简称元素。

例如，人类是一个集合，人类有黄种人、黑种人、白种人，那么黄种人就是一个数据元素。

3. 数据项

一个数据元素可以由若干个数据项组成。

例如，在人类集合中，有一个数据元素——黄种人，而这个黄种人是由腿、手、头等数据项组成的。

4. 数据对象

数据对象是性质相同的数据元素的集合，是数据的一个子集。

5. 数据结构

数据结构是指相互之间存在一种或多种特定关系的数据元素的集合。

V1-1　数据
结构定义

通常使用二元组 $B=(K,R)$ 表示，K 代表数据元素，R 代表数据元素之间的关系。

1.2 逻辑结构与存储结构

V1-2 逻辑
结构与存储结构

1.2.1 逻辑结构

逻辑结构指的是数据对象中数据元素之间的相互关系，数据元素之间存在不同的逻辑关系构成了集合结构、线性结构、树形结构和图形结构这四种结构。其中，树形结构和图形结构是非线性结构，非线性结构的逻辑特征是一个节点元素可能有多个直接前驱和多个直接后继。

1. 集合结构

集合结构中的数据元素之间除了同属于一个集合的关系外，无任何其他关系。

图 1-1 所示为一个整数集合，即该集合内的所有元素都是整数。图 1-2 所示为一个实数集合，即该集合内的所有元素都是实数。

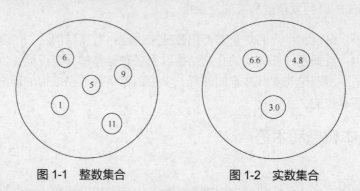

图 1-1　整数集合　　　　　图 1-2　实数集合

2. 线性结构

线性结构中的数据元素之间存在着一对一的线性关系。

线性结构示例如图 1-3 所示，数据元素之间有一种先后的次序关系，A 是 B 的前驱，C 是 B 的后继。

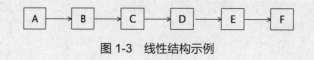

图 1-3　线性结构示例

3. 树形结构

树形结构中的数据元素之间存在着一对多的层次关系，其示例如图 1-4 所示。

4. 图形结构

图形结构中的数据元素之间存在着多对多的任意关系。

图形结构示例如图 1-5 所示，城市之间的交通路线图就是多对多的关系，城市 A 到城市 B、D、E 都有一条直达路线，城市 D 到城市 B、A、E 也都有一条直达路线。

注意：线性结构包括线性表、栈、队列和广义表。非线性结构包括树、图和集合。

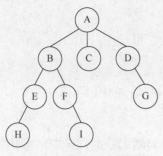
图 1-4 树形结构示例

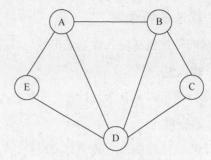
图 1-5 图形结构示例

1.2.2 存储结构

存储结构又称物理结构，是指数据的逻辑结构在计算机中的存储形式。

数据是数据元素的集合，那么数据的逻辑结构在计算机中的存储形式实际上就是如何把数据域元素存储到计算机的存储器中。

数据的存储结构应正确反映数据元素之间的逻辑关系。数据元素的存储结构分为两种：一种是顺序存储结构，另一种是链式存储结构。

1. 顺序存储结构

顺序存储结构是把数据元素存放在地址连续的存储单元中，其数据间的逻辑关系和物理关系是一致的，其示例如图 1-6 所示。

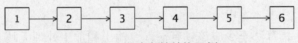
图 1-6 顺序存储结构示例

顺序存储结构就是在计算机中找了一段连续的空间，用来存放数据，数组的第一个元素放在该内存空间的第一个位置，数组的第二个元素放在该内存空间的第二个位置，以此类推。

2. 链式存储结构

链式存储结构是把数据元素存放在任意的存储单元中，这组存储单元可以是连续的，也可以是不连续的。

数据元素的存储关系并不能反映其逻辑关系，因此需要用指针存放数据元素的地址，通过地址就可以找到相关联数据元素的位置，其示例如图 1-7 所示。

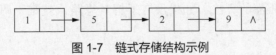
图 1-7 链式存储结构示例

1.3 算法

1.3.1 算法的定义

算法是解决特定问题求解步骤的描述，在计算机中表现为指令的有限序列，并且每条指令表示一个或多个操作。

1.3.2 算法的特性

算法的特性包括输入性、输出性、有穷性、确定性、可行性。

1. 输入性

一个算法可以有 0 个、1 个或多个输入量，在算法被执行前提供给算法。

2. 输出性

一个算法执行结束后必须有输出量，它是利用算法对输入量进行运算和处理的结果。

3. 有穷性

一个算法必须在执行有限个步骤之后结束。

4. 确定性

算法中的每一步都必须具有确切的含义。

5. 可行性

算法中每一步都必须是可行的，也就是说，每一步都能够通过手工或计算机的有效操作在有限的时间内完成。

1.3.3 算法的设计要求

下面将从正确性、可读性、健壮性以及效率和存储量四个方面来讲述算法的设计要求。

1. 正确性

算法的正确性是指算法至少应该具有输入、输出和加工处理无歧义性，能正确反映实际问题的需求，能够得到问题的正确答案。

算法的正确性应包括以下三个方面。

（1）算法所设计的程序没有语法错误。

（2）算法所设计的程序对于合法的输入数据能够得到满足要求的输出结果。

（3）算法所设计的程序对于非法的输入数据都能得到满足规格说明的结果。

算法的正确性在大多数情况下不能用程序来证明，而是用数学方法进行证明的。一般情况下，将上述三个方面作为衡量一个程序是否正确的标准。

2. 可读性

可读性是指算法设计的另一个目的就是便于阅读、理解和交流。可读性有助于人们理解算法，对于晦涩难懂的算法，如果没有了解其思路，就难于调试和修改，代码维护的成本会剧增。

3. 健壮性

健壮性是指当输入数据不合法时，算法也能做出相关处理，而不是产生异常或莫名其妙的结果，或者出现异常中断、死机等现象，对于出错应报告出错信息。例如，计算一个数组的累加和，正确的输入应该是多个整数或者实数，如果输入的是字符类型数据，则不应该继续计算，而应该报告输入错误，给出提示信息。

4．效率和存储量

效率指的是算法的执行时间。对于同一个问题，如果有多个算法能够解决，则执行时间短的效率高，执行时间长的效率低。

存储量需求指的是算法在执行过程中需要的最大存储空间。设计算法时应该尽量选择高效率和低存储量需求的算法。

1.3.4　算法的效率评价

衡量一个算法在计算机上的执行时间通常有两种方法，分别是事后统计法和事前分析估算法。

1．事后统计法

事后统计法主要是通过设计好的测试程序和数据，利用计算机计时器对不同算法编制的程序的运行时间进行比较，从而确定算法效率的高低。事后统计法有较大的缺陷，分别如下所述。

（1）必须依据算法事先编制好程序，这通常需要花费大量的时间和精力。

（2）运行时间比较依赖计算机硬件和软件等环境因素，有时会掩盖算法本身的优劣。

（3）算法的测试数据设计困难，并且程序的运行时间往往还与测试数据的规模有很大的关系，效率高的算法在小的测试数据面前往往得不到体现。

2．事前分析估算法

事前分析估算法是在计算机程序编制前，依据统计方法对算法的运行时间进行估算。算法程序在计算机上的运行时间取决于以下因素。

（1）算法采用的策略、方法。

（2）编译产生的代码质量。

（3）问题的规模。

（4）书写的程序语言，对于同一算法，其语言级别越高，执行效率就越低。

（5）机器执行指令的速度。

1.3.5　算法的时间复杂度

1．定义

在进行算法分析时，语句的总执行次数 $T(n)$ 是关于问题规模 n 的函数，$T(n)$ 的数量级可以帮助我们区分算法的优劣。算法的时间复杂度也就是算法的时间度量，记作：

$$T(n)=O(f(n))$$

它表示随问题规模 n 的增大，算法执行时间的 $T(n)$ 以 $f(n)$ 的常数倍为上界，称作算法的渐进时间复杂度，简称时间复杂度。其中，$f(n)$ 是问题规模 n 的某个函数。

下面用累加求和的例子介绍不同算法的时间复杂度。

题目：给定自然数 b，求 $1+2+3+\cdots+(b-1)+b$ 的值。

（1）第一种解法

① 算法代码实现如下。

```
import time
def Sum(b):
```

```
    sum = 0
    for i in range(1,b+1):
        sum += i
    print("累加和为：%d"%sum)
```

② 测试算法。

```
if __name__ =='__main__':
    b = 100000000
    s = time.time()
    Sum(b)
    e = time.time()
    time = e-s
    print("花费时间为：%s"%time1)
```

结果显示如下。

```
累加和为：5000000050000000
花费时间为：6.123339891433716
```

第一种算法的时间复杂度为 $O(n)$，在题目中，n 为 100000000，所以算法执行了 100000000 次，执行该算法所花费的时间是 6.123339891433716 秒，可以看到其时间代价很高。

（2）第二种解法

① 算法代码实现如下。

```
import time
def Sum(b):
    sum = (1+b)*b//2
    print("累加和为：%d" % sum)
```

② 测试算法。

```
if __name__ =='__main__':
    b = 100000000
    s = time.time()
    Sum(b)
    e = time.time()
    time = e-s
    print("花费时间为：%s"%time)
```

结果显示如下。

```
累加和为：5000000050000000
花费时间为：5.245208740234375e-06
```

第二种算法的时间复杂度为 $O(1)$，该算法只执行了一次，执行该算法所花费的时间仅为 5.245208740234375e-06 秒，可以看到与第一种算法相比，其时间代价低得多，基本上可以忽略不计。

2．常见的时间复杂度

常见的时间复杂度如表 1-1 所示。

表 1-1　常见的时间复杂度

时间复杂度	非正式术语
$O(1)$	常数阶
$O(n)$	线性阶
$O(n^2)$	平方阶
$O(\log n)$	对数阶
$O(n\log n)$	线性对数阶
$O(n^3)$	立方阶
$O(2^n)$	指数阶
$O(n!)$	阶乘阶
$O(n^n)$	n 次方阶

常见的时间复杂度所耗费的时间从小到大依次为 $O(1)<O(\log n)<O(n)<O(n\log n)<O(n^2)<O(n^3)<O(2^n)<O(n!)<O(n^n)$。

1.3.6　算法的空间复杂度

算法的空间复杂度通过计算算法所需的存储空间进行衡量，计算公式记作：

$$S(n)=O(f(n))$$

其中，n 为问题的规模，$f(n)$ 为输入为 n 时算法所占存储空间的函数。

一般情况下，一个程序在机器上执行时，除了需要存储程序本身的指令、常数、变量和输入数据外，还需要存储对数据操作的存储单元。若输入数据所占空间只取决于问题本身，和算法无关，则只需要分析该算法在实现时所需的辅助单元即可。若算法执行时所需的辅助空间相对于输入数据量而言是一个常数，则称此算法为原地工作，空间复杂度为 $O(1)$。

1.4　小结

数据结构包括逻辑结构和存储结构两个方面。数据的逻辑结构包括集合结构、线性结构、树形结构和图形结构。数据的存储结构包括顺序存储结构、链式存储结构。

算法的评价指标主要为正确性、可读性、健壮性和有效性。有效性包括时间复杂度和空间复杂度。算法的时间复杂度和空间复杂度越小，说明越节省运行时间和存储空间。

算法的时间复杂度和空间复杂度通常用数量级的形式表示出来。常见的数量级有常量阶、线性阶、平方阶、对数阶、线性对数阶、立方阶、指数阶、阶乘阶和 n 次方阶等。当数据处理量较大时，数量级低的算法比数量级高的算法效率优势更明显。

V1-3　算法
复杂度标识符号

7

1.5 习题

1. 在数据结构中，从逻辑上可以将其分为（　　）。
   A. 动态结构和静态结构
   B. 紧凑结构和非紧凑结构
   C. 内部结构和外部结构
   D. 线性结构和非线性结构

2. 数据逻辑结构包括的四种结构类型为（　　）。
   A. 集合结构、线性结构、树形结构、图形结构
   B. 顺序结构、链接结构、索引结构、散列结构
   C. 数组、记录、字符串、文件
   D. 树形结构、图形结构、文件结构、表结构

3. 下面二元组表示的数据结构 B 属于（　　）。
   $B=(K, R)$，其中：
   $K=\{a, b, c, d, e, f, g, h\}$
   $R=\{r\}$
   $r=\{<a, b>, <b, c>, <d, e>, <e, f>, <f, g>, <g, h>\}$
   A. 线性结构　　　B. 集合结构　　　C. 树形结构　　　D. 图形结构

4. 算法的空间复杂度是指（　　）。
   A. 算法在执行过程中所需要的计算机存储空间
   B. 算法所处理的数据量
   C. 算法程序中的语句或指令条数
   D. 算法在执行过程中所需要的临时工作单元数

5. 算法的时间复杂度与实现算法过程中的具体细节无关，若 A 算法的时间复杂度为 $O(n^3)$，B 算法的时间复杂度为 $O(2^n)$，则说明（　　）。
   A. 对于任何数据量，A 算法的时间开销都比 B 算法小
   B. 随着问题规模 n 的增大，A 算法比 B 算法有效
   C. 随着问题规模 n 的增大，B 算法比 A 算法有效
   D. 对于任何数据量，B 算法的时间开销都比 A 算法小

6. 当输入非法错误时，一个"好"的算法会进行适当处理，而不会产生难以理解的输出结果。这称为算法的（　　）。
   A. 可读性　　　B. 健壮性　　　C. 正确性　　　D. 有穷性

7. 下面叙述正确的是（　　）。
   A. 算法的执行效率与数据的存储结构无关
   B. 算法的空间复杂度是指算法程序中指令（或语句）的条数
   C. 算法的有穷性是指算法必须能在执行有限个步骤之后终止
   D. A、B、C 的描述都不对

8. 一个算法的时间复杂度为 $O(4n^3+8n)/(n^2)$，其数量级表示为（　　）。
   A. $O(n)$　　　B. $O(n^2)$　　　C. $O(n^3)$　　　D. $O(1)$

9. 下面程序段的时间复杂度为（　　）。

```
for i in range(n):
    for j in range(m):
        P;
```

  A. $O(n^2)$ B. $O(m^2)$ C. $O(n×m)$ D. $O(n+m)$

10. 判断一个包含 n 个整数的数组 a 中是否存在 i、j、k 满足 $a[i]+a[j]=a[k]$ 的算法的时间复杂度为（　　）。

  A. $O(n)$ B. $O(n^2)$ C. $O(n\log(n))$ D. $O(n^2\log(n))$

第 2 章 线性表

学习目标

- 了解线性表的定义及其相关概念。
- 掌握线性表的两种实现方式。
- 掌握顺序表的基本运算的实现过程。
- 掌握链表的基本运算的实现过程。

线性表是同一类型数据的一个有限序列，数据之间在逻辑上存在着线性结构。线性表是最常用、最简单的一种数据结构，基本特点是有序和有限。这种结构存在以下特点。

（1）存在唯一一个被称为"第一个"的数据元素。

（2）存在唯一一个被称为"最后一个"的数据元素。

（3）除第一个元素外，每个元素均有唯一一个直接前驱。

（4）除最后一个元素外，每个元素均有唯一一个直接后继。

2.1 定义

线性表是由 n（$n>=0$）个数据元素（节点）a_1、a_2、a_3、$\cdots$、a_n 组成的有限序列。该序列中的所有节点都具有相同的数据类型。其中，数据元素的个数 n 称为线性表的长度。

当 $n=0$ 时，称为空表。当 $n>0$ 时，为非空的线性表，记作$(a_1,a_2,\cdots,a_n)$。

如图 2-1 所示，a_1、a_2、$\cdots$、a_{n-1} 都是 a_n 的（$2 \leq i \leq n$）的前驱，其中 a_{n-1} 是 a_n 的直接前驱；a_{i+1}、a_{i+2}、$\cdots$、a_n 都是 a_i 的（$1 \leq i \leq n-i$）的后继，其中 a_{i+1} 是 a_i 的直接后继。

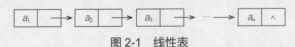

图 2-1 线性表

V2-1 线性表

线性表的主要存储结构有顺序存储结构和链式存储结构两种。在线性表中，顺序存储结构包括顺序表，链式存储结构包括单链表、双链表、循环链表。

2.2 顺序表

2.2.1 存储结构

把线性表的节点按逻辑顺序依次存放在一组地址连续的存储单元中，用这种方法存储

V2-2 顺序表

的线性表称为顺序表,即顺序存储的线性表,其特点如下。

(1)线性表的逻辑顺序与物理顺序一致。

(2)数据元素之间的关系是以元素在计算机内"物理位置相邻"来体现的。假设顺序表的每个元素的数据类型相同,设需要 n 个存储单元,每个元素需占用 L 个存储单元,以第一个元素所占的存储地址作为数据元素的起始位置,则顺序表第 $i+1$ 个数据元素的存储位置 $Loc(i+1)$ 和第 i 个数据元素的存储位置 $Loc(i)$ 之间满足下列关系:

$$Loc(i+1)=Loc(i)+L$$

从表 2-1 中可以看到,只要确定顺序表的起始位置 $Loc(a_1)$,顺序表中的任一数据元素都可随机存取,所以线性表是一种可以随机存取的存储结构。

表 2-1 线性表的存储结构

存储元素	数据元素
$Loc(a_1)$	a_1
$Loc(a_1)+L$	a_2
…	…
$Loc(a_1)+(i-1)\times L$	a_i
…	…
$Loc(a_1)+(n-1)\times L$	a_n

2.2.2 基本操作

1. 初始化顺序表

初始化顺序表时先给顺序表分配内存空间,声明数组的最大容量。Python 中实例对象初始化一般会用到__init__()方法。因此,初始化顺序表时也在方法__init__()中声明,代码实现如下。

```python
def __init__(self,max):
    '''
    初始化
    :param max: 顺序表的最大容量
    '''
    self.max = max
    self.index = 0
    self.data = [None for _ in range(self.max)]
```

2. 按下标值查找元素

通过下标值来查找元素,如果下标值合法,则返回该下标值上的元素,否则抛出异常,代码实现如下。

```python
def __getitem__(self,index):
    '''
    获取下标值为 index 的元素
```

```
:param index: 下标值
:return: 下标值为 index 的元素
'''
if index < 0 or index >= self.index:
    raise IndexError('index 非法')
else:
    return self.data[index]
```

3. 修改下标值为 index 的位置的元素

修改下标值为 index 的元素的值，如果 index 非法，则抛出异常；否则修改数据元素的值，代码实现如下。

```
def__setitem__(self,index,value):
    '''
    修改下标值为 index 的元素的值
    :param index: 下标值
    :param value: 待替换的元素
    :return:
    '''
    if index < 0 or index >= self.index:
        raise IndexError('index 非法')
    else:
        self.data[index] = value
```

4. 判断顺序表是否为空

若顺序表为空，则 self.index 为 0，所以只需要判断 self.index 是否为 0 即可，代码实现如下。

```
def empty(self):
    '''
    判断顺序表是否为空
    :return: True or False
    '''
    return self.index is 0
```

5. 插入表头元素

插入元素前需要先判断顺序表是否已经达到最大容量，如果达到最大容量，则退出程序；否则在顺序表尾部插入元素，代码实现如下。

```
def append(self,value):
    '''
    表尾插入元素
    :param value: 待插入的元素
    :return: 顺序表已满的出口
    '''
    if self.index is self.max:
```

```
        return
    else:
        self.data[self.index] = value
        self.index += 1
```

6. 在顺序表中任意位置插入元素

先判断 index 下标值是否合法，若不合法，则抛出异常；若合法，则通过 for 循环将下标值为 index 及其之后的元素向后移动一个位置，并在下标值 index 所在的位置添加元素，代码实现如下。

```
def insert(self,index,value):
    '''
    在顺序表中任意位置插入元素
    :param index: 待插入元素的位置
    :param value: 待插入元素的值
    '''
    # 若 index 非法，则抛出异常
    if index < 0 or index > self.index:
        raise IndexError('idnex 非法')
    # 若 index 刚好为顺序表表尾
    if index == self.index:
        self.append(value)
    # 通过 for…in…将下标值为 index 及其之后的元素向后移动一个位置
    else:
        self.data += [value]
        for i in range(self.index,index,-1):
            self.data[i] = self.data[i-1]
        self.data[index] = value
        self.index += 1
```

7. 删除表尾元素

删除元素前需要先判断顺序表是否为空，empty()方法用来判断顺序表是否为空，这里可以直接调用。如果顺序表为空，则退出程序；否则将 self.index 减 1，代码实现如下。

```
def pop(self):
    '''
    删除表尾元素
    :return: 顺序表为空的出口
    '''
    if self.empty():
        return
    self.index -= 1
```

8. 删除任意位置的元素

先判断下标值是否合法，不合法就抛出异常；否则用 for 循环将 index 后面的所有元素都向前移动一个位置，覆盖 index 原本的值，代码实现如下。

数据结构（Python 语言描述）（微课版）

```python
def delete(self,index):
    '''
    顺序表中删除任意位置的元素
    :param index: 删除下标值为 index 的元素
    '''
    # 下标值不合法，抛出异常
    if self.empty() or index >= self.index:
        raise IndexError('index 非法')
    # 下标值合法，通过 for 循环将 index 后面的所有元素都向前移动一个位置，从而覆盖 index 原
    # 本的值
    for i in range(index,self.index):
        self.data[i] = self.data[i+1]
    self.index-=1
```

9. 获取顺序表的长度

初始化时，self.index 为 0，每当向顺序表中添加一个元素时，self.index 加 1；删除元素时，self.index 减 1，所以 self.index 记录着顺序表中元素的个数，代码实现如下。

```python
def length(self):
    '''
    获取顺序表的长度
    :return: 当前顺序表中元素的个数
    '''
    return self.index
```

10. 遍历顺序表

先判断顺序表是否为空，若顺序表为空，则抛出异常；否则遍历输入顺序表的数据元素，代码实现如下。

```python
def traversal(self):
    '''
    遍历顺序表
    '''
    for i in range(self.index):
        print(self.data[i],end=" ")
    print()
```

2.3 单链表

2.3.1 存储结构

V2-3 单链表

若要用一组任意的存储单元存储线性表的数据元素，则需要把这些分散的元素“链”起来，这种方法存储的线性表称为线性链表，简称链表。存储链表中的节点的一组任意的存储单元可以是连续的，也可以是不连续的，甚至是零散分布在内存中的任意位置。由于逻辑上相邻的数据元素在物理位置上不一定相邻，因此，为了正确表示节点间的逻辑关系，每个存储单元需要包含

14

两部分内容，分别是值域（data）和指针域（next）。其中，值域用来存放节点的值，指针域用来存放节点的直接后继指针。这两部分组成了链表中的节点结构，即单链表存储结构，如图 2-2 所示。

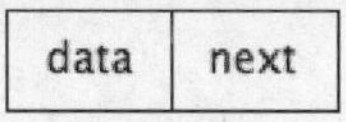

data	next

图 2-2 单链表存储结构

单链表节点定义代码如下。

```python
class Node(object):
    def __init__(self,val):
            # 存放节点中的数据域
            self.val = val
            # 指向后继节点的指针
            self.next = None
```

单链表初始化代码如下。

```python
class SingleLinkedList(object):
    def __init__(self):
        '''
        :Desc
            单链表初始化
        '''
        # 声明头指针、尾指针均指向空
        self.head = None
        self.tail = None
```

2.3.2 基本操作

1. 判断单链表是否为空

若表头指针指向空，则单链表为空；若表头节点不指向空，则单链表不为空，代码实现如下。

```python
def empty(self):
    '''
    :Desc
        判断单链表是否为空
    :return:
        如果单链表为空，返回 True，否则返回 False
    '''
    return self.head is None
```

2. 获取单链表长度

遍历整个单链表，若当前节点不为空，则单链表长度加 1，代码实现如下。

```python
def length(self):
    '''
    :Desc
```

15

```
        获取单链表长度
:return
        返回单链表长度
'''
# size 用来计算单链表长度
size = 0
# 声明 cur 指针，用来遍历单链表
cur = self.head
# 当 cur 指针没有指向空时
while cur != None:
    # 单链表长度加 1
    size += 1
    # cur 指针指向当前节点的后继节点
    cur = cur.next
return size
```

3. 头插入法

情况一：链表为空，将头、尾指针指向新节点，新节点成为表头节点。

情况二：链表不为空，将新节点的直接后继指针指向头节点，如图 2-3 所示。

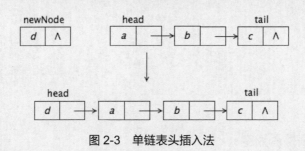

图 2-3　单链表头插入法

代码实现如下。

```
def prepend(self,val):
    '''
    头插入法
    :param val: 待插入的关键字
    '''
    newNode = Node(val)
    # 如果链表为空
    if self.head is None:
        # 头指针、尾指针指向新节点
        self.head = newNode
        self.tail = self.head
    # 如果链表不为空
    else:
        # 将新节点的后继指针指向头节点
```

```
newNode.next = self.head
# 将头指针指向新节点
self.head = newNode
```

4．在链表中间位置插入节点

将新节点插入链表第 i 个位置时，要先遍历单链表到第 i-1 个节点，将第 i-1 个位置的节点的直接后继指针指向新节点，将新节点的直接后继指针指向第 i 个位置，使得新节点成为第 i 个位置的新节点，如图 2-4 所示。

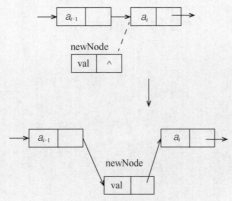

图 2-4　在链表中间位置插入节点

代码实现如下。

```
def insert(self,index,value):
    '''
    :Desc
        在链表的中间位置插入新节点
    :param
        index:   在下标值 index 处插入元素，index 从 0 开始
        value:   新节点的数据域
    '''
    # 声明指针 cur，用来遍历链表
    cur = self.head
    # 遍历停止的条件，cur 指向下标为 index-1 的节点
    for i in range(index-1):
        cur = cur.next

    # temp 指针指向原本 index-1 处的元素，即第 index 个节点
    temp = cur.next
    newNode = Node(value)
    # 将新节点的后继指针指向 temp
    newNode.next = temp
    # 将第 index 个节点的直接后继指针指向新节点
    cur.next = newNode
```

5. 尾插入法

情况一：单链表为空，将头、尾指针指向新节点。

情况二：单链表不为空，将表尾节点的直接后继指向新节点，如图 2-5 所示。

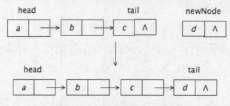

图 2-5　单链表尾插入法

代码实现如下。

```python
def append(self,val):
    '''
    尾插入法
    :param val: 待插入的数据元素
    '''
    newNode = Node(val)
    # 如果单链表为空
    if self.empty():
        # 头指针、尾指针指向新节点
        self.head = newNode
        self.tail = newNode
    # 如果单链表不为空
    else:
        # 尾节点的后继指针指向新节点
        self.tail.next = newNode
        # 尾指针指向新节点
        self.tail = newNode
```

6. 删除头节点

情况一：单链表为空，无法删除，抛出异常。

情况二：单链表不为空且只有一个节点，将头、尾指针指向空。

情况三：单链表不为空且有多个节点，将头指针指向第二个节点，如图 2-6 所示。

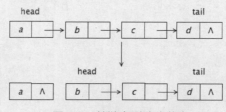

图 2-6　单链表删除头节点

代码实现如下。

```python
def del_first(self):
```

```
    '''
    :Desc
        删除头节点
    '''
    # 单链表为空，抛出异常
    if self.empty():
        raise IndexError('链表为空')
    # 单链表只有一个节点
    if self.length() == 1:
        # 将头指针、尾指针指向空
        self.head = None
        self.tail = None
    # 链表长度大于1
    else:
        self.head = self.head.next
```

7. 删除单链表中任意位置的节点

遍历单链表到第 i-1 个位置的节点。将第 i-1 个位置的节点的直接后继指针指向第 i+1 个位置的节点，第 i 个位置的直接后继指针指向空即可删除单链表第 i 个位置的节点，如图 2-7 所示。

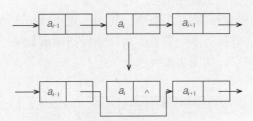

图 2-7　删除单链表中任意位置的节点

代码实现如下。

```
def delete(self,index):
    '''
    :Desc
        删除任意位置的节点
    :param
        index:   要删除下标值为 index 位置的节点，即删除第 index+1 个节点
    '''
    # 如果单链表为空，则抛出异常
    if self.empty():
        raise IndexError('链表为空')
    # 如果 index 非法，则抛出异常
    if index < 0 or index >= self.length():
        raise IndexError('Index 非法')
```

```
    # index 为 0，删除头节点
    if index == 0:
        self.del_first()
    # index 为 self.length()-1，删除表尾元素
    elif index == self.length()-1:
        self.del_last()
    else:
        # 声明 pre 指针
        pre = self.head
        # 通过 for 循环使 pre 指针指向第 index 个节点
        for i in range(index-1):
            pre = pre.next
        # delNode 为第 index+1 个节点
        delNode = pre.next
        # next 为第 index+2 个节点
        next = delNode.next
        # 第 index 个节点的直接后继指针指向第 index+2 个节点，即删除第 index+1 个节点
        pre.next = next
```

8. 删除尾节点

情况一：单链表为空，无法删除节点，抛出异常。

情况二：单链表不为空但只有一个节点，将头、尾指针指向空。

情况三：单链表不为空且有多个节点，将尾指针指向倒数第二个节点，并且将倒数第二个节点的后继指针指向空，如图 2-8 所示。

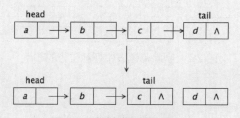

图 2-8 单链表删除尾节点

代码实现如下。

```
def del_last(self):
    '''
    :Desc
        删除尾节点
    '''
    # 如果单链表不为空
    if self.empty():
        raise  IndexError('链表为空')
    # 如果单链表只有一个节点
    if self.length() == 1:
```

```
        # 将头指针、尾指针指向空
        self.head = None
        self.tail = None
    else:
        pre = self.head
        cur = pre.next

        while cur.next is not None:
            pre = cur
            cur = cur.next
        cur = None
        pre.next = None
        self.tail = pre
```

9. 查找节点

在单链表中查找值为 key 的节点，从表头开始进行顺序查找，若存在节点的值等于 key，则查找成功，否则查找失败，代码实现如下。

```
def find(self,key):
    '''
    :Desc
        在单链表中查找关键字
    :param
        key: 关键字
    :return
        查找成功，返回 True
        查找失败，返回 False
    '''
    cur = self.head
    while cur != None:
        # 如果存在节点的数据域等于 key，则返回 True
        if key == cur.val:
            return True
        cur = cur.next
    # 查找失败，返回 False
    return False
```

10. 调试单链表

代码实现如下。

```
if __name__=='__main__':
    list = SingleLinkedList()
    for i in range(5,20,5):
        list.append(i)
    list.traversal()
    print("在链尾添加元素 20 后，更新链表: ",end=" ")
```

```
list.append(20)
list.traversal()
print("在链头添加元素 25 后，更新链表: ",end=" ")
list.prepend(25)
list.traversal()
print("在下标值为 1 的位置处添加元素 30 后，更新链表: ",end=" ")
list.insert(1, 30)
list.traversal()
print("在链尾删除元素后，更新链表: ",end=" ")
list.del_last()
list.traversal()
print("在链头删除元素后，更新链表:  ",end=" ")
list.del_first()
list.traversal()
print("删除下标值 1 所在的节点后，更新链表: ",end=" ")
list.delete(1)
list.traversal()
print(list.find(5))
```

结果显示如下。

```
5 10 15
在链尾添加元素 20 后，更新链表:    5 10 15 20
在链头添加元素 25 后，更新链表:    25 5 10 15 20
在下标值为 1 的位置处添加元素 30 后，更新链表:   25 30 5 10 15 20
在链尾删除元素后，更新链表:   25 30 5 10 15
在链头删除元素后，更新链表:   30 5 10 15
删除下标值 1 所在的节点后，更新链表:    30 10 15
False
```

2.3.3　单链表与顺序表的比较

1. 空间

顺序表在初始化时需要分配好存储空间，即顺序表存储空间的大小是固定的。当线性表长度变化较大时，即不知道需要存储多少元素时，就难以确定存储空间的大小，存储空间分小了，不能够存储足够的元素，容易溢出；存储空间分大了，又会造成空间浪费。采用单链表，可按需分配，不用考虑表的存储空间分多大比较合适。

2. 时间

顺序表查找元素操作时间复杂度为 $O(1)$，因为顺序表是用一组连续的存储单元来存储数据元素的，所以在插入和删除元素的时候需要向后或者向前移动一个元素的位置，时间复杂度为 $O(n)$。而单链表是用一组任意的存储单元来存储数据元素的，所以在查找元素时操作的时间复杂度为 $O(n)$，插入和删除元素操作不需要移动表中的元素，改变指针的指向即可，因此时间复杂度为 $O(1)$。

2.4 双链表

2.4.1 存储结构

单链表的指向是单向的，当前节点只能指向它的后一个节点，或者当前节点只能指向前一个节点（针对指针域为前驱指针的情况）。在一个存储节点的指针域是存储直接后继指针的单链表中，如果要访问当前节点的前一个节点，则只能从表头开始遍历。为了更方便地访问当前节点的前一个节点，引入了双链表。

V2-4 双链表

双链表就是在单链表的基础上增加一个指针，该指针指向前驱节点。这样形成的链表有两个不同方向的链，故称为双链表。双链表的存储结构如图 2-9 所示。

图 2-9 双链表的存储结构

其中，值域 data 存放节点的数值，指针域 next 指向直接后继节点，指针域 prev 指向直接前驱节点。

1. 双链表节点定义

```python
class Node(object):
    def __init__(self,val):
        # 存放节点中的数据域
        self.val = val
        # 后继指针
        self.next = None
        # 前驱指针
        self.prev = None
```

2. 双链表初始化

初始化链表，要将链表的头指针和尾指针指向空。

```python
class DoubleLinkedList(object):
    def __init__(self):
        '''
        :Desc
            双链表初始化
        '''
        # 声明头指针，将头指针指向空
        self.head = None
        # 声明尾指针，将尾指针指向空
        self.tail = None
```

2.4.2 基本操作

1. 判断双链表是否为空

如果头指针指向空，则双链表为空，否则不为空。判断双链表是否为空的代码实现如下。

```
def empty(self):
    '''
    :Desc
        判断双链表是否为空
    :return:
        如果表头指针指向空，即双链表为空，则返回 True，否则返回 False
    '''
    return self.head is None
```

2. 获取链表长度

遍历双链表，每经过一个节点，链表长度加 1，代码实现如下。

```
def length(self):
    '''
    :Desc
        获取链表长度
    :return:
        返回链表长度
    '''
    # 用来计算双链表的长度
    size = 0
    # cur 指针用来遍历链表
    cur = self.head
    # cur 指针不指向空，表示尚未遍历到表尾节点
    while cur != None:
        # 链表长度加 1
        size+=1
        # 将 cur 指针指向当前节点的直接后继节点
        cur = cur.next
    return size
```

3. 头插入法

头插入法就是将新节点插入到表头。如果双链表为空，则将头指针指向新节点，新节点成为表头节点。如果双链表不为空，则将新节点的后继指针指向表头节点，将表头节点的前驱指针指向新节点，从而使新节点成为表头节点，如图 2-10 所示。

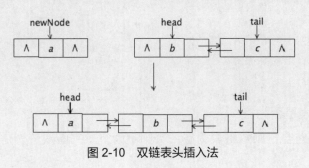

图 2-10　双链表头插入法

代码实现如下。

```
def prepend(self,val):
    '''
    :Desc
        头插入法
    :param
        val: 待插入关键字
    '''
    # 新节点
    newNode = Node(val)
    # 链表为空
    if self.empty():
        # 将表头指针、表尾指针指向新节点
        self.head = newNode
        self.tail = newNode
    # 链表不为空
    else:
        # 将头节点的前驱指针指向新节点
        self.head.prev = newNode
        # 将新节点的后继指针指向头节点
        newNode.next = self.head
        # 将表头指针指向新节点
        self.head = newNode
```

4. 在链表任意位置插入新节点

将新节点插入到链表中的第 i 个位置时，首先要遍历到链表的第 $i-1$ 个位置的节点，再进行两部分操作，第一部分是将第 $i-1$ 个位置节点的后继指针指向新节点，新节点的前驱指针指向第 $i-1$ 个位置的节点；第二部分是将新节点的后继指针指向第 i 个位置的节点，第 i 个位置节点的直接前驱指针指向新节点，如图 2-11 所示，此后，新节点插入成功，算法结束。

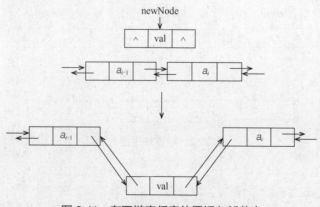

图 2-11　在双链表任意位置插入新节点

代码实现如下。

```
def insert(self,index,val):
    '''
    :Desc
        在链表任意位置添加节点，若该任意位置为 index，则在第 index 个节点后插入元素
    :param
        index:位置下标
        val:关键字
    '''
    # 声明 pre 指针
    pre = self.head
    newNode = Node(val)
    # 通过 pre 指针遍历到双链表中的第 index 个节点
    for i in range(index-1):
        pre = pre.next
    # 第 index 个节点的后继节点
    next = pre.next
    # 将新节点的后继指针指向链表中的第 index+1 个节点
    newNode.next = next
    # 链表中第 index+1 个节点的前驱指针指向新节点
    next.prev = newNode
    # 第 index 个节点的后继指针指向新节点
    pre.next = newNode
    # 新节点的前驱指针指向链表中的第 index 个节点
    newNode.prev = pre
```

5. 尾插入法

尾插入法就是将新节点插入到表尾。如果双链表为空，则将表尾指针、表头指针指向新节点，新节点成为表尾节点（表头节点）。如果双链表不为空，则将表尾节点的直接后继指针指向新节点，新节点的前驱指针指向表尾节点，新节点成为表尾节点，如图 2-12 所示。

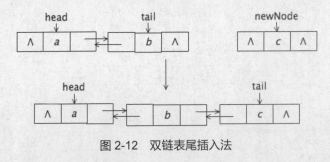

图 2-12 双链表尾插入法

代码实现如下。

```
def append(self,val):
    '''
    :Desc
```

```
    尾插入法
:param
    val: 待插入的关键字
'''
# 新节点
newNode = Node(val)
# 如果双链表为空
if self.empty():
    # 将表头指针、表尾指针指向新节点
    self.head = newNode
    self.tail = newNode
# 如果双链表不为空
else:
    # 将尾节点的后继指针指向新节点
    self.tail.next = newNode
    # 将新节点的前驱指针指向尾节点
    newNode.prev = self.tail
    # 尾指针指向新节点，即新节点变为链表新的尾节点
    self.tail = newNode
```

6. 删除头节点

如图 2-13 所示，将头节点的后继指针指向空，将头节点的下一个节点的前驱指针也指向空，此时表头节点和链表分离，删除头节点操作成功。

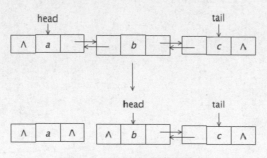

图 2-13　双链表删除头节点

代码实现如下。

```
def del_first(self):
    '''
    :Desc
        删除头节点
    '''
    # 双链表为空，抛出异常
    if self.empty():
        raise IndexError('index 非法')
```

```
# 双链表不为空
# 将表头指针指向头节点的后继节点，即原本双链表中的第二个节点成为新的头节点
self.head = self.head.next
# 将新的头节点的前驱指针指向空
self.head.prev = None
```

7. 在双链表中间任意位置删除节点

在链表中遍历到第 i-1 个节点，将第 i-1 个节点的后继指针指向第 i+1 个节点，将第 i 个节点的前驱指针指向空；将第 i 个节点的后继指针指向空，将第 i+1 个节点的前驱指针指向第 i-1 个节点，即可删除链表的第 i 个节点，如图 2-14 所示。

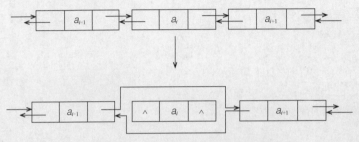

图 2-14　在双链表中间任意位置删除节点

代码实现如下。

```
def delete(self,index):
    '''
    :Desc
        #在双链表中间任意位置删除节点
    :param
        index: 删除下标为 index 的节点，头节点下标为 0
    '''
    pre = self.head
    for i in range(index-1):
        pre = pre.next
    delNode = pre.next
    next = delNode.next
    pre.next = next
```

8. 删除尾节点

情况一：双链表为空，无法删除，抛出异常。
情况二：双链表不为空，但只有一个节点元素，直接将表头指针、表尾指针指向空即可。
情况三：双链表不为空且有多个节点，将尾节点的前驱指针指向空，将表尾倒数第二个节点的后继指针指向空即可，如图 2-15 所示。
代码实现如下。

```
def del_last(self):
    '''
    :Desc
```

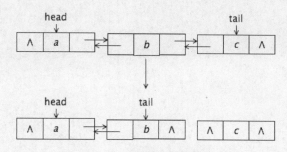

图 2-15 双链表删除尾节点

```
        删除尾节点
    '''
    # 如果双链表为空，则抛出异常
    if self.empty():
        raise IndexError('index 非法')
    # 双链表不为空
    # 将表尾指针指向尾节点的前驱节点
    self.tail = self.tail.prev
    # 将倒数第二个节点的后继指针指向空，使其成为新的尾节点
    self.tail.next = None
```

9. 查找节点

查找一个值为 key 的节点，从表头开始进行顺序查找，若节点的值等于 key，则查找成功；若双链表中不存在值等于 key 的节点，则查找失败，代码实现如下。

```
def find(self,key):
    '''
    :Desc
        在双链表中查找关键字 key
    :param
        key: 关键字
    :return:
        查找成功，返回 True
        查找失败，返回 False
    '''
    # 声明 cur 指针，指向头节点
    cur = self.head
    # 利用 cur 指针来遍历整个链表
    while cur is not None:
        # 找到关键字 key
        if key == cur.val:
            return True
```

```
        # cur 指向当前节点的直接后继节点
        cur = cur.next
    # 找不到关键字 key
    return False
```

10. 调试双链表

代码实现如下。

```
if __name__ == '__main__':
    dl = DoubleLinkedList()
    for i in range(5,30,5):
        dl.append(i)
    print("打印链表: ",end=" ")
    dl.traversal()
    dl.append(30)
    print("在表尾插入元素 30，更新链表: ",end=" ")
    dl.traversal()
    dl.prepend(35)
    print("在表头插入元素 35，更新链表: ",end=" ")
    dl.traversal()
    dl.insert(2,40)
    print("在链表下标值为 2 的位置上插入元素 40，更新链表: ",end=" ")
    dl.traversal()
    print("查找链表中是否有数据域为 25 的节点: ",end=" ")
    print(dl.find(5))
    print("删除表尾节点: ",end=" ")
    dl.del_last()
    dl.traversal()
    print("删除表头节点: ",end=" ")
    dl.del_first()
    dl.traversal()
    print("删除链表中下标值为 2 的节点，即第三个节点: ",end=" ")
    dl.delete(2)
    dl.traversal()
```

结果显示如下。

```
打印链表: 5 10 15 20 25
在表尾插入元素 30，更新链表: 5 10 15 20 25 30
在表头插入元素 35，更新链表: 35 5 10 15 20 25 30
在链表下标值为 2 的位置上插入元素 40，更新链表: 35 5 40 10 15 20 25 30
查找链表中是否有数据域为 25 的节点: True
删除表尾节点: 35 5 40 10 15 20 25
删除表头节点: 5 40 10 15 20 25
删除链表中下标值为 2 的节点，即第三个节点: 5 40 15 20 25
```

2.5 循环链表

循环链表也属于线性表，分为循环单链表和循环双链表，这里只介绍循环单链表。为方便描述，下面所讲的循环链表默认为循环单链表。循环单链表与单链表的区别是尾节点的后继指针不是指向空，而是指向头节点，由此形成了一个环。因此，从循环单链表中的任何一个节点出发都能找到其他节点，这是单链表所不能实现的。

V2-5 循环链表

2.5.1 存储结构

循环单链表中节点的存储结构与单链表节点的存储结构相同，有一个值域和一个指针域。其中，值域用来存放节点的值，指针域用来存放节点的直接后继指针。循环单链表的存储结构如图 2-16 所示。

图 2-16 循环单链表的存储结构

下面在 Python 中用一个类来存储一个节点。循环单链表节点的定义如下。

```python
class Node(object):
    def __init__(self,val):
        # 节点的数据域
        self.val = val
        # 节点的指针域
        self.next = None
```

循环单链表初始化代码实现如下。

```python
class CircleLinkedList(object):
    def __init__(self):
        '''
        :Desc
                初始化，声明头指针、尾指针，并将它们指向空
        '''
        self.head = None
        self.tail = None
```

2.5.2 基本操作

1. 判断是否为空

若循环单链表的表头、表尾指针指向空，则链表为空，否则链表不为空。

```python
def empty(self):
    '''
    :Desc
        判断链表是否为空
    :return:
        如果表头指针指向空，即链表为空，则返回 True，否则返回 False
```

```
    '''
    return self.head is None
```

2. 获取循环单链表的长度

遍历循环单链表，每经过一个节点，链表长度加 1，获取链表长度，代码实现如下。

```
def length(self):
    '''
    :Desc
        获取循环单链表的长度
    :return:
        返回链表长度
    '''
    size = 0
    if self.empty():
        return size
    cur = self.head
    # cur 指向当前链表的第一个元素，即当前链表的长度从第一个元素开始计算，长度+1
    size += 1
    # cur 的后继节点不是头节点，即 cur 不指向尾节点
    while cur.next is not self.head:
        # 链表长度加 1
        size += 1
        cur = cur.next
    return size
```

3. 尾插入法

情况一：链表为空，将表头、表尾指针指向新节点。

情况二：链表不为空，将尾节点的直接后继指针指向新节点，新节点的直接后继指针指向头节点，如图 2-17 所示。

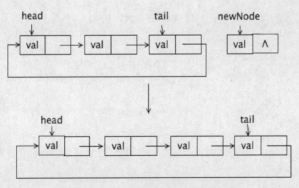

图 2-17　循环链表尾插入法

代码实现如下。

```
def append(self,val):
    '''
    :Desc
```

```
        尾插入法
   :param
        val:待插入的关键字
   '''
   # 新节点
   newNode = Node(val)
   # 如果循环链表为空
   if self.empty():
        # 将表头指针和表尾指针指向新节点
        self.head = newNode
        self.tail = newNode
   # 如果循环链表不为空
   else:
        # 将尾节点的直接后继指向新节点
        self.tail.next = newNode
        # 将表尾指针指向新节点
        self.tail = newNode
        # 将新的尾节点的直接后继指向头节点
        self.tail.next = self.head
```

4. 删除节点

情况一：链表为空，无法删除节点，抛出异常。

情况二：链表不为空且只有一个节点，将表头指针、表尾指针指向空。

情况三：链表不为空且有多个节点，将链表中倒数第二个节点的直接后继指向头节点，将尾节点的直接后继指向空，如图 2-18 所示。

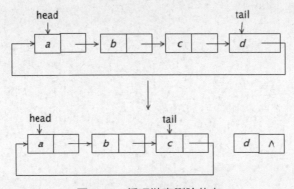

图 2-18　循环链表删除节点

代码实现如下。

```
def delete(self):
    '''
    :Desc
        删除节点
    '''
```

```
    # 如果循环链表为空，则抛出异常
if self.empty():
        raise IndexError("链表为空")
    # 如果循环链表长度为1，将表头指针、表尾指针指向空
if self.length() == 1:
        self.head = None
        self.tail = None
    # 如果循环链表长度大于1
else:
        cur = self.head
        temp = cur.next
        # 遍历链表，找到倒数第二个节点
        while temp.next is not self.head:
            cur = cur.next
            temp = cur.next
        # 将尾指针指向倒数第二个节点，使之成为新的尾节点
        self.tail = cur
        # 新的尾节点的直接后继指针指向表头节点
        self.tail.next = self.head
```

5. 查找节点

在链表中查找数值为 key 的节点，从头节点向后遍历，判断是否有节点的值等于 key，若有，则查找成功，否则查找失败，代码实现如下。

```
def find(self,key):
    '''
    :Desc
        在链表中查找某个关键字
    :param
        key:关键字
    :return:
        若是存在该关键字，则返回 True
        若是不存在该关键字，则返回 False
    '''
    cur = self.head
    # 遍历链表
    while cur.next != self.head:
        # 存储节点的数值等于关键字的数值
        if key == cur.val:
            return True
        cur = cur.next
    # 找不到关键字
    return False
```

6. 遍历循环链表

若链表为空，则无法遍历链表，退出程序；若链表不为空，则从表头开始向后遍历，并且打印节点的数据域，代码实现如下。

```python
def traversal(self):
    '''
    :Desc
        遍历循环链表
    '''
    # 如果循环链表为空，则抛出异常
    if self.empty():
        raise IndexError("链表为空")

    cur = self.head
    # 当 cur 的直接后继不是指向头节点时，即 cur 尚未指向尾节点时
    while cur.next is not self.head:
        # 打印节点的数据域
        print(cur.val,end=" ")
        # cur 指针指向当前访问节点的直接后继节点
        cur = cur.next
    # 打印尾节点的数据域
    print(cur.val)
```

7. 调试循环链表

代码实现如下。

```python
if __name__ == '__main__':
    cl = CircleLinkedList()
    for i in range(10):
        cl.append(i+1)
    cl.traversal()
    print("删除尾节点后，更新链表: ",end=" ")
    cl.delete()
    cl.traversal()
    print("打印链表的长度: ",end=" ")
    print(cl.length())
    print("查找链表中是否有元素 5: ",end=" ")
    print(cl.find(5))
```

结果显示如下。

```
1 2 3 4 5 6 7 8 9 10
删除尾节点后，更新链表:  1 2 3 4 5 6 7 8 9
打印链表的长度:  9
查找链表中是否有元素 5:  True
```

2.6 链表的应用

2.6.1 约瑟夫环

1. 题目描述

已知 n 个人（以编号 1、2、3、…、n 分别表示）按既定的方向围坐在一张圆桌周围，从第一个人开始按既定方向报数，数到 m 的那个人出列；他的下一个人又从 1 开始报数，数到 m 的那个人又出列；按照此规律重复下去，直到圆桌周围的人全部出列。

2. 解题分析

n 个人围着坐成一圈组成约瑟夫环，从第一个人开始报数，数到 m 的那个人出列，他的下一个人又开始从 1 报数，按照此规律，直至所有人出列。这道题可以用循环链表来解决。n 个人围成一圈，相当于建立一个 n 个节点的循环链表，首尾相连。用一个计数器来计算当前节点是否为第 m 个节点，如果是，则删除当前节点，下一个节点继续从 1 开始访问；如果不是，则继续访问下一个节点。

3. 代码实现

（1）循环链表节点 Node 类的代码实现如下。

```python
class Node(object):
    def __init__(self,val):
        self.val = val
        self.next = None
```

（2）循环链表 CircleLinkedList 类的代码实现如下。

```python
class CircleLinkedList(object):
    def __init__(self):
        '''
        :Desc
                初始化，声明表头指针、表尾指针，并将它们指向空
        '''
        self.head = None
        self.tail = None

    def empty(self):
        '''
        :Desc
                判断链表是否为空
        :return:
                如果表头指针指向空，即链表为空，则返回 True
                否则，返回 False
        '''
        return self.head is None

    def append(self,val):
        '''
```

```
    :Desc
        插入节点
    :param
        val:待插入的关键字
    '''
    # 新节点
    newNode = Node(val)
    # 如果循环链表为空
    if self.empty():
        # 将表头指针和表尾指针指向新节点
        self.head = newNode
        self.tail = newNode
    # 如果循环链表不为空
    else:
        # 将尾节点的直接后继指向新节点
        self.tail.next = newNode
        # 将表尾指针指向新节点
        self.tail = newNode
        # 将新的尾节点的直接后继指向头节点
        self.tail.next = self.head


def delete(self):
    '''
    :Desc
        删除节点
    '''
    # 如果循环链表为空，则抛出异常
    if self.empty():
        raise IndexError("链表为空")
    # 如果循环链表长度为1，则将表头指针、表尾指针指向空
    if self.length() == 1:
        self.head = None
        self.tail = None
    # 如果循环链表长度大于1
    else:
        cur = self.head
        temp = cur.next
        # 遍历链表，找到倒数第二个节点
        while temp.next is not self.head:
            cur = cur.next
            temp = cur.next
        # 将表尾指针指向倒数第二个节点，使之成为新的尾节点
        self.tail = cur
```

```
                # 新的尾节点的直接后继指向头节点
                self.tail.next = self.head


    def length(self):
        '''
        :Desc
                获取循环链表长度
        :return:
                返回链表长度

        '''
        size = 0
        if self.empty():
            return size
        cur = self.head
        # cur 指向当前链表的第一个元素，即当前链表长度从第一个元素开始计算，长度+1
        size += 1
        # 当 cur 的后继节点不是头节点时，即 cur 不指向尾节点时
        while cur.next is not self.head:
            # 链表长度加 1
            size += 1
            cur = cur.next
        return size
```

（3）约瑟夫环 Joseph 类的代码实现如下。

```
class Joseph(object):
    def __init__(self,n,m):
        '''
        :Desc
                约瑟夫环初始化
        :param
                n: 链表长度
                m: 每 m 个位置删除一个节点
        '''
        self.n = n
        self.m = m
        c = CircleLinkedList()
        for i in range(self.n):
            c.append((i+1))
        self.joseph(c)


    def joseph(self,c):
        '''
        :Desc
                约瑟夫环核心算法
        :param
                c:循环链表
        '''
```

```
        print("出列顺序为: ",end="")
        p = c.head
        # 遍历链表
        while p.next != p:
            # 每 m 个位置删除一个节点
            for i in range(self.m-1):
                r = p
                p = p.next
            r.next = p.next
            print(p.val,end=" ")
            p = r.next
        print(p.val)
```

（4）调试约瑟夫环的代码实现如下。

```
if __name__ == '__main__':
    # n 表示有 n 个人
    n = 9
    # m 表示经过 m 个位置出列一个人
    m = 5
    j = Joseph(n,m)
```

结果显示如下。

```
出列顺序为: 5 1 7 4 3 6 9 2 8
```

2.6.2 多项式相加

1. 题目描述

有两个多项式，$P(x)=p_0+p_1x+p_2x^2+\cdots+p_nx^n$，$Q(x)=q_0+q_1x+q_2x^2+\cdots+q_nx^n$。现在要计算 $P(x)+Q(x)$。

2. 题目解析

从题目可知，有两个多项式 $P(x)$ 和 $Q(x)$，现在要计算 $P(x)+Q(x)$。多项式相加，指数相同的项系数相加，对于指数不同的项，指数大的放后面，指数小的放前面，合并两个多项式即可。本题可以用单链表来求解，对节点存储结构进行修改，如图 2-19 所示。

图 2-19 多项式节点存储结构

其中，exp 表示指数，coef 表示系数，next 表示节点的后继指针，如在 p_2x^2 中，exp=2，coef=p_2。

3. 代码实现

（1）节点 Node 类的代码实现如下。

```
class Node(object):
    def __init__(self,coef,exp):
        # 系数
        self.coef = coef
        # 指数
```

```
        self.exp = exp
        # 后继指针
        self.next = None
```

（2）链表 LinkedList 类的代码实现如下。

```
class LinkedList(object):
    def __init__(self,items):
        self.head = None
        # 存放系数和指数的数组
        self.items = items
        for item in self.items:
            coef,exp = item[0],item[1]
            node = Node(coef,exp)
            self.insertSort(node)

    def empty(self):
        '''
        :Desc
            判断链表是否为空
        :return:
            链表为空，返回 True
            链表不为空，返回 False

        '''
        return self.head == None

    def insertSort(self,node):
        '''
        :Desc
            将新节点插入到链表中的合适位置，按指数大小升序排列
        :param
            node: 新节点
        '''
        pre = None
        cur = self.head
        while cur != None and  cur.exp <= node.exp:
            if cur.exp == node.exp:
                cur.coef += node.coef
                return
            pre = cur
            cur = cur.next
        node.next = cur
        if pre != None:
            pre.next = node
        else:
            self.head = node
```

```
    def show(self):
        '''
        :Desc
              打印多项式
        '''
        cur = self.head
        while cur != None:
            if cur.coef != 0:
                print("%d%s%d" %(cur.coef,"x^",cur.exp),end=" ")
            cur = cur.next
```

（3）多项式相加 PolynomialAdd 类的代码实现如下。

```
class PolynomialAdd(object):
    def __init__(self,p1,p2):
        # 第一个多项式
        self.p1 = p1
        # 第二个多项式
        self.p2 = p2
        # 存放新的多项式的指数、系数的数组
        self.sum =[]
        # 多项式相加
        self.__polynomialAdd()
        # 创建新的链表来存储新的多项式
        p3 = LinkedList(self.sum)
        # 打印多项式
        p3.show()

    def __polynomialAdd(self):
        '''
        :Desc
              多项式相加
        '''
        # 第一个多项式的表头
        l1 = self.p1.head
        # 第二个多项式的表头
        l2 = self.p2.head
        # 如果第一个多项式和第二个多项式都不为空，则合并两个多项式
        while l1 != None and l2 != None:
            if l1.exp > l2.exp:
                self.sum.append([l2.coef,l2.exp])
                l2 = l2.next
```

```
        elif  l1.exp < l2.exp:
            self.sum.append([l1.coef,l2.exp])
            l1 = l1.next
        else:
            self.sum.append([l1.coef+l2.coef,l2.exp])
            l1 = l1.next
            l2 = l2.next
    # 如果第一个多项式为空，第二个多项式不为空，则将第二个多项式的剩下的节点添加到新
    # 的多项式中
    while l1 == None and l2 != None:
        self.sum.append([l2.coef,l2.exp])
        l2 = l2.next
    # 同上
    while l1 != None and l2 == None:
        self.sum.append([l1.coef,l1.exp])
        l1 = l1.next
```

（4）调试多项式相加算法的代码实现如下。

```
if __name__ =='__main__':
    r1 = [[4,5],[6,1],[2,3]]
    # r1 表示为 4x^5+6x^1+2x^3
    r2 = [[2,2],[3,1],[-4,5],[6,7]]
    # r2 表示为 2x^2+3x^1-4x^5+6x^7
    # 第一个多项式的构造
    p1 = LinkedList(r1)
    # 第二个多项式的构造
    p2 = LinkedList(r2)
    # 合并两个多项式
    polyAdd = PolynomialAdd(p1,p2)
```

结果显示如下。

```
9x^1 2x^2 2x^5 6x^7
```

2.7 小结

线性表的存储方式有两种，分别是采用数组的顺序存储和采用节点的链式存储，链式存储有单链表、双链表、循环链表。

在顺序存储结构的线性表中，能够直接访问任何给定位置的元素，其时间复杂度为 $O(1)$。在链式存储结构的线性表中，不能够直接访问任何给定位置上的元素，需要从头节点的后继指针依次访问前面的所有元素后，才能读到该元素，时间复杂度为 $O(n)$。

在链式存储结构的线性表中，在表头、表尾删除节点或添加节点的时间复杂度都为 $O(1)$。在顺序存储结构（数组存储）的线性表中，在表尾删除、添加节点时，时间复杂度为 $O(1)$；在表头或表中间删除、添加节点时，时间复杂度为 $O(n)$。

2.8 习题

1. 线性表的顺序存储是一种（　　　）。
   A. 随机存取的存储结构　　　　　　　　B. 顺序存取的存储结构
   C. 索引存取的存储结构　　　　　　　　D. Hash 存取的存储结构

2. 若线性表最常用的操作是存取第 i 个元素及其前驱和后继元素，则为了提高效率，应采用（　　　）的存储方式。
   A. 单链表　　　　　B. 双向链表　　　　C. 单循环链表　　　D. 顺序表

3. 不带头节点的单链表 h 为空的判定条件是（　　　）。
   A. h==None　　　　B. h.next==None　　　C. h.next==h　　　D. h!=None

4. 在一个单链表的表头插入一个元素的时间复杂度为（　　　）。
   A. $O(n)$　　　　B. $O(1)$　　　　C. $O(\log_2 n)$　　　D. $O(n^2)$

5. 从单链表中查找任一元素，平均时间复杂度为（　　　）。
   A. $O(1)$　　　　B. $O(\log_2 n)$　　　C. $O(n^2)$　　　D. $O(n)$

6. 在一个单链表中，若一个节点（非表头节点、表尾节点）的引用为 p，它的前驱节点为 q，则删除 p 节点的操作为（　　　）。
   A. p=p.next.next　　B. q.next=p.next　　C. q.next=p　　　D. p.next=q.next

7. 一个链表最常用的操作是在末尾插入节点和删除节点，则选用（　　　）最节省时间。
   A. 带头节点的循环双链表　　　　　　B. 循环单链表
   C. 带表尾指针的循环单链表　　　　　D. 单链表

8. 需要分配一个较大的存储空间并且插入和删除时不需要移动元素，满足这个特点的存储结构是（　　　）。
   A. 单链表　　　　B. 静态链表　　　　C. 线性链表　　　D. 顺序表

9. 在一个顺序存储顺序表的表头插入一个元素的时间复杂度为（　　　）。
   A. $O(n)$　　　　B. $O(1)$　　　　C. $O(\log_2 n)$　　　D. $O(n^2)$

10. 在一个长度为 n 的顺序存储结构的线性表中，删除第 i 个（$1 \leq i \leq n$）元素时，需要从前向后依次前移（　　　）个元素。
    A. $n-i$　　　　B. $n-i+1$　　　　C. $n-i-1$　　　D. i

第 3 章 栈和队列

学习目标

- 了解栈和队列的基本概念。
- 掌握顺序栈和链栈的基本操作算法的实现。
- 掌握顺序队列、循环队列和链式队列的基本操作算法的实现。
- 熟悉栈和队列的不同应用。

栈和队列是两种特殊的线性表，其特殊之处就是对其插入和删除操作的位置进行了限制。对栈的删除和插入操作只能在一端进行，对队列的删除和插入操作在两端进行。栈的特点是先进后出（First In Last Out，FILO），队列的特点是先进先出（First In First Out，FIFO）。

3.1 栈

3.1.1 定义

栈是限制在一端进行插入和删除操作的线性表，具有先进后出的特性，如图 3-1 所示。

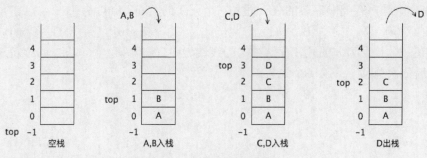

图 3-1 出栈和入栈操作

3.1.2 基本概念

1. 判断栈是否为空

node 为栈的头节点，若 node 为空，返回 True，否则返回 False。

2. 入栈

入栈即为在栈的顶部插入元素。

V3-1 栈

3. 出栈

出栈即为删除栈顶部的元素。

4. 取栈顶元素

取栈顶元素即为获取栈顶的元素。

3.1.3 顺序栈

　　顺序栈在初始化时需要定义栈的大小，即初始化时就规定该栈可以存储的元素的个数。规定栈为空时，self.top 的数值为-1；栈为满时，self.top=max-1，max 为栈的存储元素的个数，初始化代码实现如下。

```python
class SeqStack(object):
    def __init__(self,max):
        # 顺序栈的最大容量
        self.max = max
        # 当栈为空时，栈顶指针指向-1
        self.top = -1
        # 存储栈元素的数组
        self.stack = [None for i in range(self.max)]
```

　　对于顺序栈，其基本操作包括判断栈是否为空、入栈、出栈、取栈顶元素。

1. 判断栈是否为空

　　如果 self.top 的数值为-1，则表示空栈，返回 True，否则返回 False，代码实现如下。

```python
def empty(self):
    '''
    :Desc
        判断顺序栈是否为空
    :return: 如果顺序栈为空，则返回 True，否则返回 False
    '''
    return self.top is -1
```

2. 入栈

　　先判断当前栈是否为满，如果栈为满，则抛出异常；如果栈不满，则将 self.top 的值加1，将新的数值放进去，代码实现如下。

```python
def push(self,val):
    '''
    :Desc
        入栈
    :param
        val:入栈元素
    '''
    # 如果栈满，则抛出异常
    if self.top == self.max -1:
```

```
        raise IndexError("栈已满")
    else:
        # 将栈顶指针加 1
        self.top += 1
        self.stack[self.top] = val
```

3. 出栈

判断栈是否为空，如果栈为空，则抛出异常；如果栈不为空，则将 self.top 的数值减 1，即指向栈顶的上一个元素，并返回栈顶元素，代码实现如下。

```
def pop(self):
    '''
    :Desc
        将元素出栈
    :return:返回栈顶元素
    '''
    # 如果栈为空，则抛出异常
    if self.empty():
        raise IndexError("栈为空")
    # 将栈顶指针减 1 并返回栈顶元素
    else:
        cur = self.stack[self.top]
        self.top -= 1
        return cur
```

4. 取栈顶元素

判断栈是否为空，如果栈为空，则抛出异常；如果栈不为空，则返回栈顶元素，代码实现如下。

```
def peek(self):
    '''
    :Desc
        获取栈顶元素
    :return: 返回栈顶元素
    '''
    # 如果栈为空，则抛出异常
    if self.empty():
        raise IndexError("栈为空")
    # 返回栈顶元素
    else:
        return self.stack[self.top]
```

调试顺序栈的基本操作，代码实现如下。

```
if __name__ == "__main__":
    s = SeqStack(8)
    for i in range(0,5):
```

```
        s.push(i)
    print(s.peek())
    s.pop()
    print(s.peek())
    s.push(8)
    s.push(9)
```

结果显示如下。

```
4
3
```

3.1.4　链栈

链栈为栈的链式存储结构，是运算受限的单链表，其插入和删除操作只能在表头位置进行。设链栈头指针为 top，初始化 top=None。

链栈节点结构与单链表节点结构相同，如图 3-2 所示。

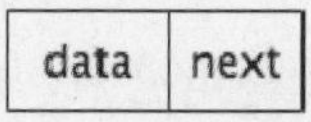

图 3-2　链栈节点结构

栈节点的初始化代码实现如下。

```
class Node(object):
    def __init__(self,val):
        # 节点的数据域
        self.val = val
        # 节点的指针域
        self.next = None
```

栈的初始化代码实现如下，self.top 为栈的头节点指针，初始化时指向空。

```
class LinkedStack(object):
    def __init__(self):
        self.top = None
```

对于链栈，基本操作包括判断栈是否为空、入栈、出栈、取栈顶元素。

1. 判断栈是否为空

空栈返回 True，非空栈返回 False，代码实现如下。

```
def empty(self):
    '''
    :Desc
        判断栈是否为空
    :return:
        如果栈为空，则返回 True；如果栈不为空，则返回 False
    '''
    return self.top is None
```

2. 入栈

将待插入节点的 next 指针指向栈顶指针所指向的节点，将栈顶指针指向新节点，代码

47

实现如下。

```
def push(self,val):
    '''
    :Desc
        入栈
    :param
        val:入栈元素
    '''
    newNode = Node(val)
    # 新节点的直接后继指向栈顶指针
    newNode.next = self.top
    # 将栈顶指针指向新节点
    self.top = newNode
```

3. 出栈

判断栈是否为空，如果栈为空，则抛出异常；如果栈不为空，则栈顶元素出栈。具体操作如下：将栈顶指针指向当前栈顶元素的下一个节点，代码实现如下。

```
def pop(self):
    '''
    :Desc
        出栈
    :return:
        返回栈顶元素
    '''
    # 如果栈为空，则抛出异常
    if self.empty():
        raise IndexError("栈为空")
    else:
        # temp 用来存储栈顶元素
        temp = self.top
        # 指向栈顶的下一个元素
        self.top = self.top.next
        # 返回栈顶元素
        return temp
```

4. 取栈顶元素

判断栈是否为空，如果栈为空，则抛出异常；如果栈不为空，则返回栈顶元素，代码实现如下。

```
def peek(self):
    '''
    :Desc
        获取栈顶元素
    :return:
```

```
        返回栈顶元素
    '''
    # 栈为空，抛出异常
    if self.empty():
        raise IndexError("栈为空")
    # 栈不为空，返回栈顶元素
    else:
        return self.top.val
```

测试链栈的基本操作，代码实现如下。

```
if __name__ == "__main__":
    s = LinkedStack()
    for i in range(1,5):
        s.push(i)
    print(s.peek())
    s.pop()
    print(s.peek())
```

结果显示如下。

```
4
3
```

3.1.5　栈的应用

1. 括号匹配

（1）题目描述

检查字符串中方括号、圆括号和花括号是否配对。字符串中可以出现的括号为()、{}、[]。字符串(12,11,44,[6,[9]),(#)中的括号不匹配，字符串([#],([2],3,1),7)中的括号匹配。

（2）解题分析

步骤 1：用一个栈来存储括号。

步骤 2：遇到（、{、[这三个左括号时，入栈。

步骤 3：遇到)、}、] 这三个右括号时，先判断当前栈是否为空，若栈为空，则右括号多余，括号不匹配。

步骤 4：若栈不为空，则判断当前栈顶的元素是否为对应的左括号。如果是，则将当前栈顶元素出栈，否则表明括号不匹配。

（3）代码实现

① 节点 Node 类的代码实现如下。

```
class Node(object):
    def __init__(self,val):
        # 节点的数据域
        self.val = val
        # 节点的指针域
        self.next = None
```

49

数据结构（Python 语言描述）（微课版）

② 链栈 LinkedStack 类的代码实现如下。

```python
class LinkedStack(object):
    def __init__(self):
        self.top = None

    def empty(self):
        '''
        :Desc
            判空栈
        :return:
            如果栈为空，则返回 True；如果栈不为空，则返回 False
        '''
        return self.top is None

    def push(self,val):
        '''
        :Desc
            入栈
        :param
            val:入栈元素
        '''
        newNode = Node(val)
        # 新节点的直接后继指向栈顶指针
        newNode.next = self.top
        # 将栈顶指针指向新节点
        self.top = newNode

    def pop(self):
        '''
        :Desc
            出栈
        :return:
            返回栈顶元素
        '''
        # 如果栈为空，则抛出异常
        if self.empty():
            raise IndexError("栈为空")
        else:
            # temp 用来存储栈顶元素
            temp = self.top
            # 指向栈顶的下一个元素
            self.top = self.top.next
            # 返回栈顶元素
```

50

```
                    return temp

    def peek(self):
        '''
        :Desc
            获取栈顶元素
        :return:
            返回栈顶元素
        '''
        # 栈为空，抛出异常
        if self.empty():
            raise IndexError("栈为空")
        # 栈不为空，返回栈顶元素
        else:
            return self.top.val
```

③ 括号匹配 Match 类的代码实现如下。

```
class Match(object):
    def __init__(self,str):
        # 接收传入的字符串
        self.str = str

    def match(self):
        '''
        :Desc
            括号匹配
        :return:
            括号匹配成功，返回 True
            括号匹配失败，返回 False
        '''
        stack = LinkedStack()
        arr = list(self.str)

        for i in range(len(arr)):
            # 如果字符为'('、'['、'{'，则将其入栈
            if arr[i] == '(' or arr[i] == '[' or arr[i] == '{':
                stack.push(arr[i])
            # 如果字符为')'
            elif arr[i] == ')':
                # 判断其是否为空栈，如果为空，则说明匹配失败，返回 False
                if stack.empty():
                    return False
                # 否则，判断栈顶元素是否为'('，如果栈顶元素为'('，则将其出栈
                else:
```

```
                        if stack.peek() == '(':
                            stack.pop()
            # 同上
            elif arr[i] == '}':
                if stack.empty():
                    return False
                else:
                    if stack.peek() == '{':
                        stack.pop()
            # 同上
            elif arr[i] == ']':
                if stack.empty():
                    return False
                else:
                    if stack.peek() == '[':
                        stack.pop()
        # 如果栈为空，则说明全部括号匹配成功，返回 True
        if stack.empty():
            return True
        # 如果栈不为空，则说明尚有括号匹配不成功，返回 False
        else:
            return False
```

④ 调试 Match 类，代码实现如下。

```
if __name__ == '__main__':
    str1 = '(12,11,44,[6,[9]),(#)'
    m = Match(str1)
    print(m.match())

    str2 = '([#],([2],3,1}'
    m = Match(str2)
    print(m.match())

    str3 = '([#],([2],3,1),7)'
    m = Match(str3)
    print(m.match())
```

结果显示如下。

```
False
False
True
```

2. 合法出栈

（1）题目描述

已知自然数 1、2、…、n（$1 \leqslant n \leqslant 100$）依次入栈，请问序列 C_1、C_2、…、C_n 是否为合法的出栈序列？

（2）解题分析

由题目可知，求解的是正确的出栈顺序，之前学习了栈，栈的特性是先进后出，接下来将根据这个特性来解题。

例如，自然数 1、2、3、4、5 依次入栈，判断 3、4、2、1、5 是否为合法的出栈序列。首先，1 入栈，2 入栈，3 入栈，3 入栈后先出栈；4 入栈，4 出栈；2 出栈，1 出栈；5 入栈后出栈，即可得到 3、4、2、1、5 的出栈序列，即该序列是合法的。另外，由于已经知道了栈需要存储多少个元素，因此可以使用顺序栈。

（3）代码实现

① 顺序栈 SeqStack 的代码实现如下。

```python
class SeqStack(object):
    def __init__(self,max):
        # 顺序栈的最大容量
        self.max = max
        # 当栈为空时，栈顶指针指向-1
        self.top = -1
        # 存储栈元素的数组
        self.stack = [None for i in range(self.max)]

    def empty(self):
        '''
        :Desc
            判断顺序栈是否为空
        :return: 如果顺序栈为空，返回True，否则返回False
        '''
        return self.top is -1

    def push(self,val):
        '''
        :Desc
            入栈
        :param
            val:入栈元素
        '''
        # 如果栈满，则抛出异常
        if self.top == self.max -1:
            raise IndexError("栈已满")
        else:
            # 将栈顶指针加1
            self.top += 1
            self.stack[self.top] = val

    def peek(self):
```

```
        '''
        :Desc
               获取栈顶元素
        :return:返回栈顶元素
        '''
        # 如果栈为空，则抛出异常
        if self.empty():
               raise IndexError("栈为空")
        # 返回栈顶元素
        else:
               return self.stack[self.top]

    def pop(self):
        '''
        :Desc
               将元素出栈
        :return:返回栈顶元素
        '''
        # 如果栈为空，则抛出异常
        if self.empty():
               raise IndexError("栈为空")
        # 将栈顶指针减 1 并返回栈顶元素
        else:
               cur = self.stack[self.top]
               self.top -= 1
               return cur

    def size(self):
        '''
        :Desc
               获取栈的长度
        :return 返回栈的长度
        '''
        return self.top+1
```

② 合法出栈 legalStack 类的代码实现如下。

```
class legalStack(object):
    def __init__(self,items,num):
        # 待判断的序列
        self.items = items
        # num 个自然数
        self.num = num
        if self.legalStack():
               print("Yes")
```

```
        else:
            print("No")

    def legalStack(self):
        '''
        :Desc
            判断序列是否合法
        :return
            合法序列，返回 True
            非法序列，返回 False
        '''

        count = 0
        stack = SeqStack(self.num)
        for i in range(1,self.num+1):
            # 将自然数入栈
            stack.push(i)
            # 将自然数入栈后，判断栈顶元素是否和数组中下标为 count 的数相等
            while stack.size() != 0 and stack.peek() == self.items[count]:
                # 如果相等，则将该自然数出栈
                stack.pop()
                # 修改 count 的下标值
                count += 1
        # 如果经过 num 次比较后，栈中还存在元素，则说明该序列是非法的
        return stack.size() == 0
```

③ 调试 legalStack 类，代码实现如下。

```
if __name__=='__main__':
    num = 5
    item1=[3,4,2,1,5]
    item2=[3,5,1,4,2]
    legal1 = legalStack(item1,num)
    legal2 = legalStack(item2,num)
```

结果显示如下。

```
Yes
No
```

3.2 队列

3.2.1 定义

队列只允许在一端进行插入，在另一端进行删除，具有先进先出的特性。

V3-2 队列

3.2.2 基本概念

1. 队首

允许删除的一端称为队首。

2．队尾

允许插入的一端称为队尾。

3．入队

插入元素的过程称为入队。

4．出队

删除元素的过程称为出队。

5．空队列

当队列中没有元素时称为空队列。

生活中有很多场景是符合队列的特性的。例如，去游乐园游玩时，需要先到售票厅购买门票，先排队的游客先买到票。这就是队列的特性，先来先买。

3.2.3 顺序队列

在顺序队列中，将元素入队时，只需要在队尾添加一个元素即可。当队首元素出队时，只需将队首下标 front 加 1，不需要真正删除队首下标处的元素。原因是在顺序队列（数组）中执行删除元素操作时，被删除元素后面的元素都要向前移动一位，效率低下。

1．基本概念

队列初始化时，规定了队列的最大元素容量为 6。self.front、self.rear 均指向下标为 0 的位置，如图 3-3 所示。

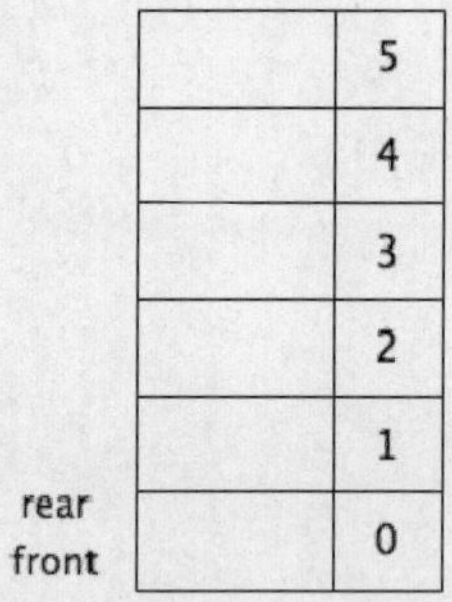

图 3-3　初始化顺序队列

顺序队列初始化代码实现如下。

```
class SeqQueue(object):
    def __init__(self,max):
        self.max = max
        self.front = 0
        self.rear = 0
        self.data = [None for i in range(self.max)]
```

现在向队列中添加 3 个元素，分别是 5、3、7，添加元素后的队列如图 3-4 所示。

每次插入都是在队尾插入的，也就是 rear 所在的位置。每次插入完成后 rear 自增 1。现在将队列中的所有元素出队，如图 3-5 所示。

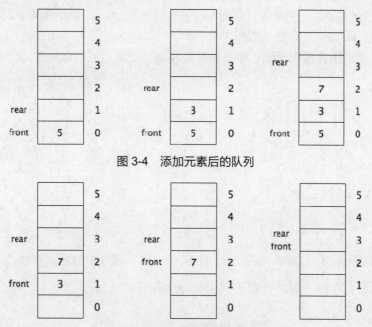

图 3-4　添加元素后的队列

图 3-5　将队列中的所有元素出队

2．假溢出

将队列中所有元素出队后，队列的起始位置已经由原本下标为 0 的位置移动到下标为 3 的位置了。那么，如果继续按这样入队、出队的形式，是不是到最后会存在这样一种现象——队列中是空的，没有任何元素，却无法继续将元素进队？结果是显而易见的，最后就是会出现这种现象。这种现象叫作假溢出。

可能有读者会想到，如果将某个元素出队时，就把后面的元素都向前移一个位置，不就可以解决这个问题了吗？这个办法固然可以解决假溢出现象，但采用这种方法，每次删除一个元素的时间复杂度就由原本的 $O(1)$ 变为 $O(n)$ 了。显然，这种办法是不可取的。

为了解决假溢出现象，引入了循环队列的概念。所谓循环队列，就是将队列首尾连接起来。当 rear 的数值超过数组的最大长度时，先判断 front 是否在下标为 0 的位置，如果不在，则将 rear 指向下标 0。

为了方便读者对循环队列的理解，这里用一个环形的图来表示一个循环队列，起始时，rear 和 front 指向下标 0，如图 3-6 所示。

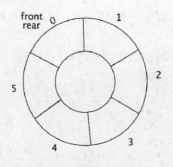

图 3-6　循环空队列

现在向队列中添加 5 个元素，分别是 5、3、7、8、4。在循环队列中，添加元素也是在队尾添加的，即 rear 下标处，如图 3-7 所示。

从循环队列中删除两个元素，删除元素是在队首删除的，即删除 5、3，如图 3-8 所示。

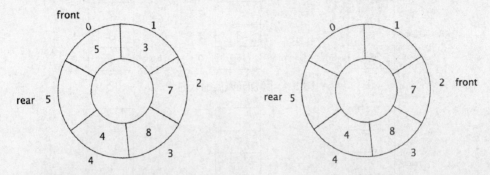

图 3-7　向循环队列中插入元素 5、3、7、8、4　　　　图 3-8　删除元素 5、3

继续向该队列中插入新的元素 9，如图 3-9 所示。

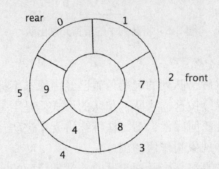

图 3-9　插入新的元素 9

现在就解决了假溢出的问题。此时，在顺序队列中，当 front 等于 rear 时表示队空。但是在循环队列中，很难区分 front 等于 rear 时是空队还是满队。

这里的解决方法是保留一个元素空间，当队列满时，还有一个空的位置。由于 rear 有可能比 front 大，也有可能比 front 小，所以尽管相差一个位置，其实有可能是相差一整圈。若队列的最大容量为 max，则队满的条件是（rear+1）%max==front。

3. 循环队列初始化

self.front 指向队首下标，self.rear 指向队尾下标，max 表示队列的最大容量。循环队列初始化代码实现如下。

```python
class CircleQueue(object):
    def __init__(self,max):
        # 队列最大容量
        self.max = max
        # 存储队列元素的数组
        self.data = [None for i in range(self.max)]
        # 队首指针
```

```
    self.front = 0
    # 队尾指针
    self.rear = 0
```

4. 基本操作

对于循环队列，基本操作包括判断队空、入队、出队、获取队首元素。

（1）判断队空。

若队列为空，则返回 True；若队列不为空，则返回 False，代码实现如下。

```
def empty(self):
    '''
    :Desc
        判队空
    :return:
        如果队列为空，则返回 True
        如果队列不为空，则返回 False
    '''
    return self.front == self.rear
```

（2）入队。

判断队列是否满了，若队列满了，则抛出异常；若队列未满，则插入元素，并且 self.rear 自增 1；若 self.rear+1 大于 max，则将 self.rear 指向下标 0。入队操作代码实现如下。

```
def push(self,val):
    '''
    :Desc
        入队
    :param
        val:待入队关键字
    '''
    # 如果队列满了，则抛出异常
    if (self.rear+1) % self.max == self.front:
        raise IndexError("队列为满")
    # 在队尾插入新的关键字
    self.data[self.rear] = val
    # 修改队尾指针
    self.rear = (self.rear+1)%self.max
```

（3）出队。

判断队列是否为空，若队列为空，则抛出异常；若队列不为空，则获取队首的元素，并将 self.front 的数值增加 1，返回队首元素。出队操作代码实现如下。

```
def pop(self):
    '''
    :Desc
        将队首元素出队
```

```
    '''
    # 如果队列为空，则抛出异常
    if self.empty():
        raise IndexError("队列为空")
    # 队列不为空，获取队首元素
    cur = self.data[self.front]
    # 修改队首指针，指向下一个位置
    self.front = (self.front+1) % self.max
    # 返回原队首元素
    return cur
```

（4）获取队首元素。

判断队列是否为空，若队列为空，则抛出异常，否则返回队首元素，代码实现如下。

```
def peek(self):
    '''
    :Desc
        获取队首元素
    :return:
        返回队首元素
    '''
    # 如果队列为空，则抛出异常
    if self.empty():
        raise IndexError("队列为空")
    # 返回队首元素
    return self.data[self.front]
```

调试循环队列相关操作，代码实现如下。

```
if __name__ == '__main__':
    c = CircleQueue(4)
    c.push(3)
    c.push(5)
    c.push(7)
    print(c.peek())
    c.pop()
    print(c.peek())
```

结果显示如下。

```
3
5
```

3.2.4 链式队列

顺序队列在插入和删除时需要移动大量的元素，因此引入了链式队列。链式队列插入和删除操作方便，不需要移动元素，只需要改变指针的指向即可。

链式队列节点结构与单链表的节点结构一样，队列节点包括一个数据域 data 和一个指针域 next，数据域用来存放该节点的值，指针域用来存放指向下一个节点的指针，如

图 3-10 所示。

图 3-10　链式队列节点结构

节点类 Node 的代码实现如下。

```
class Node(object):
    def __init__(self,data):
        '''
        :Desc
            队列节点存储结构
        '''
        # 数据域
        self.data = data
        # 指针域
        self.next = None
```

对于不带头节点的链式队列，初始化时，链式队列的 front 指针指向 None。初始化队列代码实现如下。

```
class LinkedQueue(object):
    def __init__(self):
        '''
        :Desc
            链式队列初始化
        '''
        # 队首指针指向空
        self.front = None
```

链式队列的基本操作同顺序队列一样，有判断队空、入队、出队、获取队首元素。

1. 判断队空

判断当前队首指针是否为空，若队首指针为空，返回 True，否则返回 False，代码实现如下。

```
def empty(self):
    '''
    :Desc
        判断队列是否为空
    :return:
        若队首指针为空，则返回 True
        若队首指针不为空，则返回 False
    '''
    return self.front is None
```

2. 入队

判断队列是否为空，如果队列为空，则将队首指针指向待插入的新节点；若队列不为空，则遍历到队尾元素，将新节点插入到队尾，代码实现如下。

```python
def push(self,val):
    '''
    :Desc
        将关键字入队
    :param
        val: 关键字
    '''
    # 新节点
    new = Node(val)
    # 如果队列为空
    if self.front == None:
        # 将队首指针指向新节点
        self.front = new
    # 如果队列不为空
    else:
        # 声明 cur 指针
        cur = self.front
        # 通过 cur 指针遍历队列
        while cur.next != None:
            cur = cur.next
        # 在队尾插入元素
        cur.next = new
```

3. 出队

判断队列是否为空，若队列为空，则抛出异常，否则删除队首节点，代码实现如下。

```python
def pop(self):
    '''
    :Desc
        将队首元素出队
    '''
    # 如果队列为空，则抛出异常
    if self.empty():
        raise IndexError("队列为空")
    # 如果队列不为空
    else:
        cur = self.front
        # 将队首指针指向队首节点的后继节点
        self.front = self.front.next
        # 返回原本队首节点
        return cur
```

4. 获取队首元素

判断队列是否为空，若队列为空，则抛出异常；若队列不为空，则返回队首元素，代码实现如下。

```python
def peek(self):
    '''
    :Desc
        获取队首元素
    :return:
        返回队首元素
    '''
    # 如果队列为空，则抛出异常
    if self.empty():
        raise IndexError("队列为空")
    # 如果队列不为空
    else:
        # 返回队首元素
        return self.front
```

测试链式队列的基本操作，代码实现如下。

```python
if __name__ == '__main__':
    q = LinkedQueue()
    q.push(1)
    q.push(2)
    print(q.peek().data)
    q.pop()
    print(q.peek().data)
```

结果显示如下。

```
1
2
```

3.2.5 队列的应用

1. 题目描述

查找细胞：一个矩形阵列由数字 0～9 组成，数字 1～9 代表细胞，若细胞数字的上下左右相邻位置还是细胞数字，则为同一细胞，求给定矩形阵列的细胞个数。

2. 解题分析

如图 3-11 所示，矩形阵列中数字 1～9 表示细胞，如果沿细胞上下左右还是细胞数字，则说明这些数字为同一细胞。

在矩形阵列中将细胞分别圈出来，如图 3-12 所示。

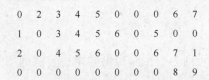

图 3-11　矩形阵列

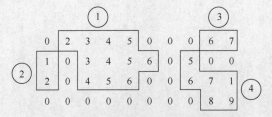

图 3-12　在矩形阵列中将细胞分别圈出来

从图 3-12 可见，该矩形阵列中总共有 4 个细胞，分别是{1, 2}、{2, 3, 4, 5, 3, 4, 5, 6, 4, 5, 6}、{6, 7}、{5, 6, 7, 1, 8, 9}。这道题有两种解法：一种是基于栈的深度优先搜索，另一种是基于队列的广度优先搜索。这里使用广度优先搜索来实现。通过双重循环找到第一个细胞数字，并以该细胞数字为起点向上下左右搜索，将搜索到的细胞数字置为 0，当该起点上下左右所有细胞数字都被置为 0 时，细胞计数器加 1。

其中，实现广度优先需要使用队列这一数据结构，在以某个细胞数字为起点向上下左右搜索时，需要用到一个队列来存储其上下左右的细胞数字，队列的特性就是先进先出。例如，以矩形阵列第一行第二列数字 2 为起点节点，只有其右边有细胞数字，将节点数字 3 入队；现在把当前起点节点改为第一行第三列的节点数字 3，将节点数字 3 上下左右为细胞数字的入队，将第二行第三列的 3 以及第一行第四列的 4 入队；重复上述步骤，当队列为空时，细胞查找完毕。

3. 代码实现

（1）节点 Node 类的代码实现如下。

```
class Node:
    def __init__(self,x,y):
        '''
        :Desc
                队列节点存储结构
        '''
        self.x = x
        self.y = y
        self.next = None
```

（2）链式队列 LinkedQueue 类的代码实现如下。

```
class LinkedQueue(object):
    def __init__(self):
        '''
        :Desc
                队列初始化
```

```
        '''
        # 队首指针指向空
        self.front = None

def empty(self):
        '''
        :Desc
                判断队列是否为空
        :return:
                若队首指针为空，则返回 True
                若队首指针不为空，则返回 False
        '''
        return self.front is None

def peek(self):
        '''
        :Desc
                获取队首元素
        :return:
                返回队首元素
        '''
        # 如果队列为空，则抛出异常
        if self.empty():
                raise IndexError("队列为空")
        # 如果队列不为空
        else:
                # 返回队首元素
                return self.front

def push(self,node):
        '''
        :Desc
                将关键字入队
        :param
                val: 关键字
        '''
        # 如果队列为空
        if self.front == None:
                # 将队首指针指向新节点
                self.front = node
        # 如果队列不为空
        else:
                # 声明 cur 指针
```

```
            cur = self.front
            # 通过 cur 指针遍历队列
            while cur.next != None:
                cur = cur.next
            # 在队尾插入元素
            cur.next = node


    def pop(self):
        '''
        :Desc
            将队首元素出队
        '''
        # 如果队列为空，则抛出异常
        if self.empty():
            raise IndexError("队列为空")
        # 如果队列不为空
        else:
            cur = self.front
            # 将队首指针指向队首节点的后继节点
            self.front = self.front.next
            # 返回原本队首节点
            return cur
```

（3）查找细胞 Cell 类的代码实现如下。

```
class Cell(object):
    def __init__(self,martix):
        # 细胞矩阵
        self.martix = martix


    def __bfs(self,x,y):
        '''
        :Desc
            广度优先搜索

        '''
        # 队列 q 用于实现广度优先搜索
        q = LinkedQueue()
        # x 轴方向
        dx = [-1,0,1,0]
        # y 轴方向
        dy = [0,-1,0,1]
        # 访问过的细胞数字置为 0
        self.martix[x][y] = 0
        # 起点
```

```
        node1 = Node(x,y)
        # 将起点入队
        q.push(node1)
        # 如果队列不为空
        while not q.empty():
            # 将起点出队
            temp = q.pop()
            tx = temp.x
            ty = temp.y
            # 获取起点上下左右的细胞数字
            for i in range(4):
                cx = tx + dx[i]
                cy = ty + dy[i]
                if cx < 0 or cx >= len(martix):
                    continue
                if cy < 0 or cy >= len(martix[0]):
                    continue
                # 不是细胞数字的，不做处理
                if martix[cx][cy] is 0:
                    continue
                node2 = Node(cx,cy)
                # 将其上下左右属于细胞数字的元素入队
                q.push(node2)
                self.martix[cx][cy] = 0


    def count(self):
        '''
        :Desc
            细胞计数器
        :return:
            返回有多少个细胞
        '''
        count = 0
        for i in range(len(self.martix)):
            for j in range(len(self.martix[i])):
                if martix[i][j] is not 0:
                    # 以某个细胞数字为起点
                    self.__bfs(i,j)
                    # 将其上下左右的细胞数字置为 0 后，细胞计数器加 1
                    count += 1
        return count
```

（4）调试细胞 Cell 类。

```
if __name__=='__main__':
```

```
# 细胞矩阵
martix=[
    [0,2,3,4,5,0,0,0,6,7],
    [1,0,3,4,5,6,0,5,0,0],
    [2,0,4,5,6,0,0,6,7,1],
    [0,0,0,0,0,0,0,0,8,9],
]
m = Cell(martix)
print(m.count())
```

结果显示如下。

4

3.3 小结

栈是一种限制只能在栈顶进行插入和删除操作的线性表，具有先进后出的特性，各种运算的时间复杂度均为 $O(1)$。

队列是一种只允许在队尾进行插入、只允许在队首进行删除的线性表，具有先进先出的特性。其插入和删除的时间复杂度均为 $O(1)$。

循环队列就是首尾连接起来的队列。假设存储队列的空间大小为 n，则只能存 $n-1$ 个元素，这是为了方便判断队空与队满。循环队列有如下规定。

① 若队首指针与队尾指针相同，则表示队空。

② 若队头指针在队尾指针的下一个位置，则表示队满。

3.4 习题

1. 下面关于队列和栈的描述正确的是（   ）。
   A. 栈是先进先出的数据结构
   B. 队列是先进先出的数据结构
   C. 栈内元素可以随机访问
   D. 队列内的元素可以随机访问
2. 队列是一种（   ）的线性表。
   A. 先进先出
   B. 先进后出
   C. 只能插入
   D. 只能删除
3. 栈和队列的共同特点是（   ）。
   A. 只允许在端点处插入和删除元素
   B. 都是先进后出
   C. 都是先进先出
   D. 没有共同点
4. 栈的插入和删除操作在（   ）进行。
   A. 栈顶
   B. 栈底
   C. 任意位置
   D. 指定位置
5. 若让元素 1、2、3 入栈，则出栈次序不可能出现（   ）。
   A. 3、2、1
   B. 2、1、3
   C. 3、1、2
   D. 1、3、2
6. 在一个顺序队列中，队首指针指向队首元素的（   ）位置。
   A. 前一个
   B. 后一个
   C. 当前
   D. 前两个
7. 从一个顺序队列删除元素时，首先需要使（   ）。
   A. 队首指针循环加 1
   B. 队首指针循环减 1
   C. 队尾指针循环加 1
   D. 队尾指针循环减 1

8. 假定一个顺序队列的队首和队尾指针分别为 f 和 r，则判断队空的条件为（　　）。

   A. f+1==r   B. r+1==f   C. f==0   D. f==r

9. 若一个队列的入列序列为 ABCD，则队列的可能出队序列为（　　）。

   A. DCBA   B. ABCD   C. ADCB   D. CBDA

10. 若最大容量为 n 的循环队列，队尾指针是 rear，队首指针是 front，则队空的条件是（　　）。

   A. (rear+1)%n=front

   B. rear=front

   C. rear+1=front

   D. (rear−1) mod n=front

第 4 章 串

学习目标

- 了解串的基本概念。
- 掌握串的匹配模式。

串是由字符组成的有限序列，逻辑结构是线性表，也就是说，串是一种特殊的线性表。串的操作特点与线性表不同，主要对子串进行操作。

4.1 串的定义

串也称为字符串，是由零个或者多个字符组成的有限序列。串仅由字符组成，记作：

$$S="a_1a_2\cdots a_n"$$

其中，S 是串名，双引号括起来的字符序列 $a_1a_2\cdots a_n$ 是串值，n 表示串的长度。例如，$S="python"$，其字符长度为 6。注意，串中的元素必须用一对双引号括起来，但是双引号不计入串的长度。长度为 0 的串称为空串。

一个字符在串中的位置称为该字符在串中的索引，用整数表示，约定首字符的索引为 0。另外，当在字符串中检索某个字符或某个字符串时，用-1 表示没有找到该字符或字符串。

串 S 中任意个连续的字符组成的子序列 Sub 称为该串的子串，S 称为 Sub 的主串。例如，现有一个串 $S="Data Structure"$, Sub$="Structure"$称为 S 的子串，并且这个 Sub 在 S 中的索引为 5。

两个串相等的条件是两个串的长度相等，且串中各对应位置的字符均相等。

两个串的大小由对应位置的首个不同字符的大小决定,字符比较次序是从头开始依次向后。另外，当两个串长度不等而对应位置的字符都相同时，较长的串较大。例如，串 $A="abcdefg"$, 串 $B="abddefg"$，两个串的前两个字符相同，串 B 的第 3 个字符'd'大于串 A 的第 3 个字符'c', 因此得出结论: 串 B 大于串 A。

V4-1 串

4.2 串的模式匹配算法

什么是模式匹配？模式匹配就是有两个字符串，分别是串 S 和串 P，其中串 S 称为目标串，串 P 称为模式串，如果在目标串中查找到模式串，则称为模式匹配成功，返回子串的第一个字符在目标串中出现的位置。如果在目标串中未查找到模式串，则称为模式匹配失败，返回-1。

这就是串的模式匹配。接下来将学习串的模式匹配中的两种最常用的算法：一种是Brute-Force算法，也称为暴力搜索算法；另一种是KMP算法。

4.2.1 Brute-Force 算法

Brute-Force 算法用来实现串的朴素模式匹配，是最简单的一种模式匹配算法，简称BF算法。

1. 算法思想

从目标串 $S="s_0s_1\cdots s_{n-1}"$的第一个字符开始，与模式串 $P=="p_0p_1\cdots p_{m-1}"$的第一个字符进行比较，若相等，则继续逐个比较后续字符；若不相等，则从目标串的下一个字符起重新和模式串的字符进行比较。以此类推，直至模式串 P 中的每个字符依次和目标串 S 中的一个连续的字符序列的相应字符都相等，则称匹配成功，返回和模式串 P 中第一个字符相等的字符在目标串 S 中的序号；否则说明模式串 P 不是目标串的子串，匹配不成功，返回-1。

2. 算法分析

例如，目标串 $S="abcdeabcdf"$，模式串 $P="abcdf"$，判断模式串 P 与目标串 S 是否匹配，根据 Brute-Force 算法的思想分析匹配的过程如下。

假设 i 为目标串 S 的当前下标索引，j 为模式串 P 的当前下标索引，默认 i、j 的初始值为0。

第一次匹配，从 $i=0$、$j=0$ 开始匹配，当 $j=4$、$i=4$ 时，匹配失败。因此，要将 i 回溯到 $i=1$，$j=0$，如图 4-1 所示。

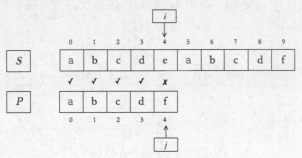

图 4-1 BF 算法第一次匹配

第二次匹配，从 $i=1$、$j=0$ 开始匹配，不难发现此时匹配失败，如图 4-2 所示。因此，要修改 i、j 的值，重新开始匹配，从 $i=2$、$j=0$ 开始。

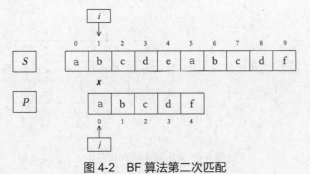

图 4-2 BF 算法第二次匹配

第三次匹配，S[*i*=2]!=P[*j*=0]，如图 4-3 所示。第三次匹配结束，修改 *i* 的值，*i*=3。

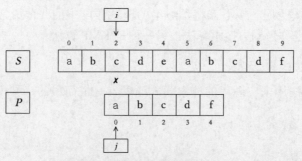

图 4-3　BF 算法第三次匹配

第四次匹配，S[*i*=3]!=P[*j*=0]，如图 4-4 所示。第四次匹配结束，修改 *i* 的值，*i*=4。

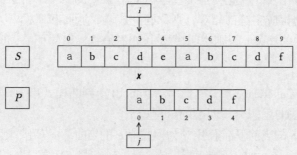

图 4-4　BF 算法第四次匹配

第五次匹配，S[*i*=4]!=P[*j*=0]，如图 4-5 所示。第五次匹配结束，修改 *i* 的值，*i*=5。

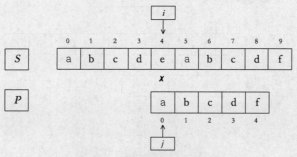

图 4-5　BF 算法第五次匹配

第六次匹配，从 *i*=5、*j*=0 开始匹配，当 *i*=9、*j*=4 时匹配成功，如图 4-6 所示。

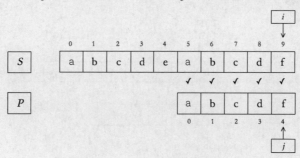

图 4-6　BF 算法第六次匹配

从上面的分析可以得到，若 *m* 为目标串长度，*n* 为模式串长度，则 Brute-Force 算法在匹配时所花费的时间分为以下两种情况来分析。

（1）最好的情况下，第一次就匹配成功，目标串与模式串匹配，比较次数为模式串的长度 *n*，时间复杂度为 $O(n)$。

（2）最坏情况下，每次匹配比较至模式串的最后一个字符又失败，并且比较了目标串中所有长度为 *n* 的子串，时间复杂度为 $O(n\times(n-m+1))=O(n\times m)$。

3. 代码实现

（1）Brute-Force 算法代码实现如下。

```
def BF(S1,S2):
    #字符串 S1 的索引，从 0 开始
    i = 0
    #字符串 S2 的索引，从 0 开始
    j = 0
    while i < len(S1) and j < len(S2):
        if S1[i] == S2[j]:
            j += 1
            i += 1
        # S1[i]!=S2[j]，将指针回溯
        else:
            i = i-j+1
            j = 0
    # 如果在 S1 中找到字符串 S2，则返回 S2 首字符在 S1 中的下标索引
    if j == len(S2):
        index = i - len(S2)
    # 否则返回-1，表示在 S1 中找不到字符串 S2
    else:
        index = -1
    return index
```

（2）代码测试如下。

```
if __name__=="__main__":
    S1 = "abcabcaccabab"
    S2 = "abcac"
    print(BF(S1,S2)+1)
```

结果显示如下。

```
4
```

4.2.2 KMP 算法

KMP 算法是在 Brute-Force 算法的基础上改进得到的，该算法是由 D. E. Knuth、V. R. Pratt 和 J. H. Morris 同时发现的，全称为克努特-莫里斯-普拉特算法，简称 KMP 算法。Brute-Force 算法最坏情况的时间复杂度为 $O(n\times m)$，KMP 算法可以在 $O(n+m)$ 的数量级上完成串的模式匹配操作。

1. 算法思想

从目标串 *S* 的第一个字符开始扫描，逐一与模式串 *P* 对应的字符进行匹配，若该组字符匹配，则继续匹配下一组字符。若该组字符不匹配，则并不是简单地从目标串下一个字符开始新一轮的匹配，而是通过一个前缀数组跳过不必要匹配的目标串字符，以达到优化效果。

从 KMP 的算法思想中可以得到两个信息：一是前缀数组是什么以及怎么构建前缀数组，二是在得到前缀数组后怎么利用它达到优化的效果。

2. 前缀数组

构建前缀数组之前，需要先了解一下什么是前缀，什么是后缀，因为这两个概念在后文的介绍中需要用到。

前缀就是除了最后一个字符以外，一个字符串的全部头部集合。例如，有一个字符串 *S*="abc"，其前缀为{"a", "ab"}。

后缀就是指除了第一个字符以外，一个字符串的全部尾部集合。例如，有一个字符串 *S*="abc"，其后缀为{"c", "bc"}。

在这里要注意，从中间位置截取的一段字符串是不能被称为前缀或后缀的。例如，字符串 *S*="abcd"，字符串"bc"不属于前缀数组或者后缀数组。

下面通过一个例子来讲解如何构建前缀数组。现在有一个字符串 *S*="bfbfbfkmpbf"。

字符串"b"的前缀和后缀都为空集，最长共有元素长度为 0。

字符串"bf"的前缀为{"b"}，后缀为{"f"}，没有相同的前缀子串和后缀子串，最长共有元素长度为 0。

字符串"bfb"的前缀为{"b", "bf"}，后缀为{"b", "fb"}，相同的前缀子串和后缀子串为"b"，最长共有元素长度为 1。

字符串"bfbf"的前缀为{"b", "bf", "bfb"}，后缀为{"f", "bf", "fbf"}，相同的前缀子串和后缀子串为"bf"，最长共有元素长度为 2。

字符串"bfbfb"的前缀为{"b", "bf", "bfb", "bfbf"}，后缀为{"b", "fb", "bfb", "fbfb"}，相同的前缀子串和后缀子串为"bfb"，最长共有元素长度为 3。

字符串"bfbfbf"的前缀为{"b", "bf", "bfb", "bfbf", "bfbf", "bfbfb"}，后缀为{"f", "bf", "fbf", "bfbf", "fbfbf"}，相同的前缀子串和后缀子串为"bfbf"，最长共有元素长度为 4。

字符串"bfbfbfk"的前缀为{"b", "bf", "bfb", "bfbf", "bfbfb", "bfbfbf"}，后缀为{"k", "fk", "bfk", "fbfk", "bfbfk", "fbfbfk"}，没有相同的前缀子串和后缀子串，最长共有元素长度为 0。

字符串"bfbfbfkm"的前缀为{"b", "bf", "bfb", "bfbf", "bfbfb", "bfbfbf", "bfbfbfk"}，后缀为{"m", "km", "fkm", "bfkm", "fbfkm", "bfbfkm", "fbfbfkm"}，没有相同的前缀子串和后缀子串，最长共有元素长度为 0。

字符串"bfbfbfkmp"的前缀为{"b", "bf", "bfb", "bfbf", "bfbfb", "bfbfbf", "bfbfk", "bfbfkm"}，后缀为{"p", "mp", "kmp", "fkmp", "bfkmp", "fbfkmp", "bfbfkmp", "fbfbfkmp"}，没有相同的前缀子串和后缀子串，最长共有元素长度为 0。

字符串"bfbfbfkmpb"的前缀为{"b", "bf", "bfb", "bfbf", "bfbfb", "bfbfbf", "bfbfbfk", "bfbfbfkm", "bfbfbfkmp"}，后缀为{"b", "pb", "mpb", "kmpb", "fkmpb", "bfkmpb", "fbfkmpb", "bfbfkmpb"，"fbfbfkmpb"}，相同的前缀子串和后缀子串为"b"，最长共有元素长度为 1。

字符串"bfbfbfkmpbf"的前缀为{"b"，"bf"，"bfb"，"bfbf"，"bfbfb"，"bfbfbf"，"bfbfbfk"，"bfbfbfkm"，"bfbfbfkmp"，"bfbfbfkmpb"}，后缀为{"f"，"bf"，"pbf"，"mpbf"，"kmpbf"，"fkmpbf"，"bfkmpbf"，"fbfkmpbf"，"bfbfkmpbf"，"fbfbfkmpbf"}，相同的前缀子串和后缀子串为"bf"，最长共有元素长度为 2。

基于上述分析，可以获得一个前缀数组 prefix={0，0，1，2，3，4，0，0，0，1，2}。为了方便后面应用 KMP 算法进行计算，将前缀数组的第一个位置的元素置为-1，将当前前缀数组的元素都往后移动一个位置，将最后一个位置的元素删除，得到一个新的前缀数组，prefix={-1，0，0，1，2，3，4，0，0，0，1}。

3. 算法分析

由上可知如何构建一个前缀数组 prefix，现在来分析 KMP 算法是怎么利用前缀数组来优化效果的。

例如，目标串 S="bfbfkmpbfbfbfbfkmpbf"，模式串 P="bfbfbfkmpbf"，前缀数组 prefix={-1，0，0，1，2，3，4，0，0，0，1}。用 i 表示模式串 P 的当前下标，j 表示目标串 S 的当前下标，初始值均为 0，如图 4-7 所示。

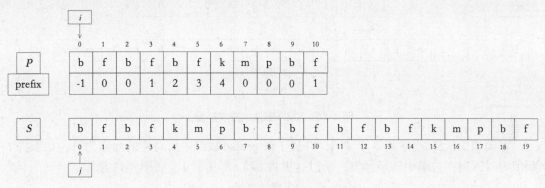

图 4-7 KMP 算法前缀数组初始化

当 $i<4$、$j<4$ 时，$S[i]$ 等于 $P[j]$；当 $i=4$、$j=4$ 时，$S[i]$ 不等于 $P[j]$，如图 4-8 所示。

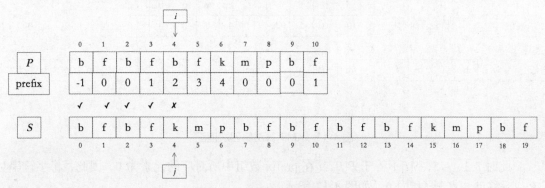

图 4-8 KMP 算法第一次匹配

此时，prefix 数组中下标 i 所对应的元素为 2，所以将字符串 P 往后移动，直至 i 指向下标为 2 的字符，如图 4-9 所示。

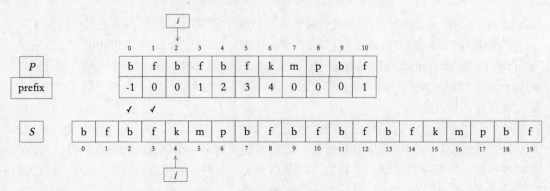

图 4-9　KMP 算法第二次匹配

移动完成之后，发现 $S[i]$ 不等于 $P[j]$，i 在 prefix 数组中所对应的元素为 0，再将字符串 P 往后移动直到 i 指向下标为 0 的字符，如图 4-10 所示。

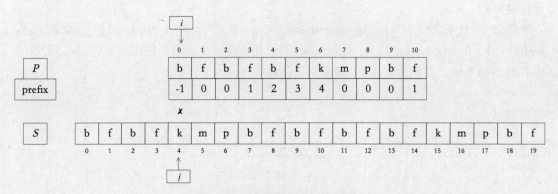

图 4-10　KMP 算法第三次匹配

移动结束，$S[i]$ 仍然不等于 $P[j]$，并且 i 在 prefix 数组中所对应的元素为 -1，如果将 i 赋值为 -1，则在数组中已经越界，所以这里将 i 和 j 都加上 1，如图 4-11 所示。

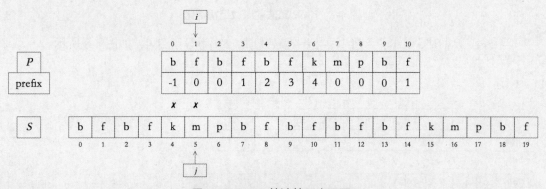

图 4-11　KMP 算法第四次匹配

此时 $i=1$，$j=5$，$S[i]$ 不等于 $P[j]$，i 在 prefix 数组中所对应的元素为 0，因此，将字符串 P 往后移动，直至 i 指向 0，如图 4-12 所示。

移动后，$S[i]$ 不等于 $P[j]$，并且 prefix$[i]$ 的值为 -1，因此将 i 和 j 的值加 1，如图 4-13 所示。

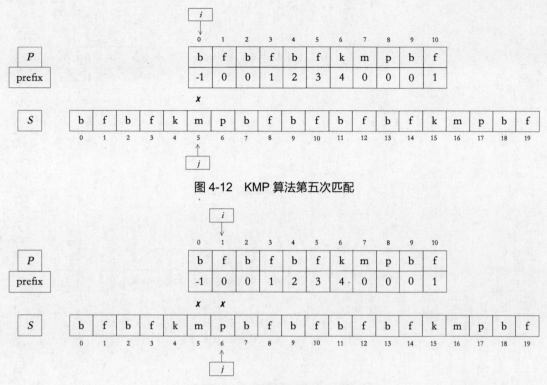

图 4-12 KMP 算法第五次匹配

图 4-13 KMP 算法第六次匹配

此时 $S[i]$ 不等于 $P[j]$，prefix$[i]$=0，将字符串 P 往后移动，直至 i 指向 0，如图 4-14 所示。

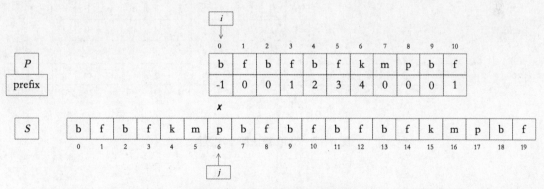

图 4-14 KMP 算法第七次匹配

此时，$S[i]$ 不等于 $P[j]$，prefix$[i]$ 的值为-1，将 i、j 的值各自加 1，如图 4-15 所示。

此时，$S[i]$ 依旧不等于 $P[j]$，prefix$[i]$ 的值为 0，因此继续将字符串 P 往后移动，直至 i 指向 0，如图 4-16 所示。

移动后，$S[i]$ 等于 $P[j]$，向后继续依次匹配，当 i=6、j=13 时，$S[i]$ 不等于 $P[j]$，如图 4-17 所示。

此时，prefix$[i]$ 的值为 4，将字符串往后移动，直至 i 指向字符串 P 的下标值为 4 的字符，如图 4-18 所示。

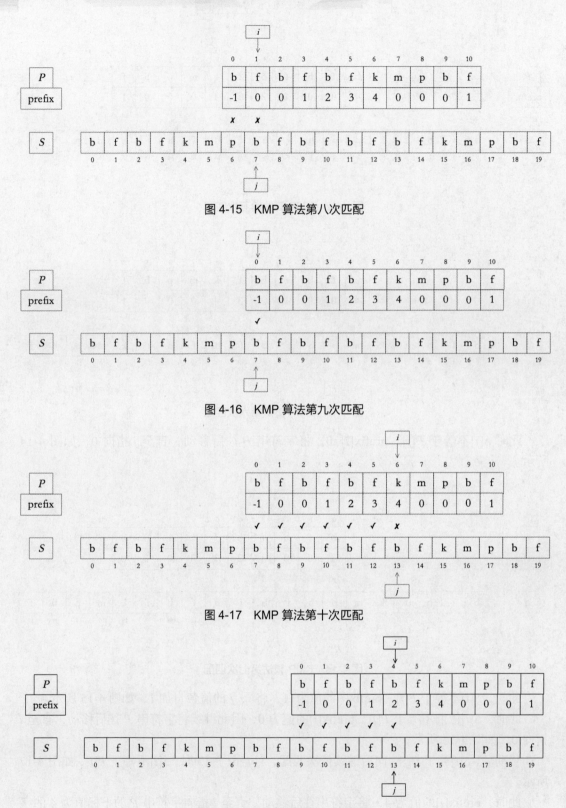

图 4-15　KMP 算法第八次匹配

图 4-16　KMP 算法第九次匹配

图 4-17　KMP 算法第十次匹配

图 4-18　KMP 算法第十一次匹配

此时，$S[i]$等于$P[j]$，继续往后匹配，均匹配成功，即在目标串中找到了一个与模式串匹配的子串，如图 4-19 所示，算法结束。

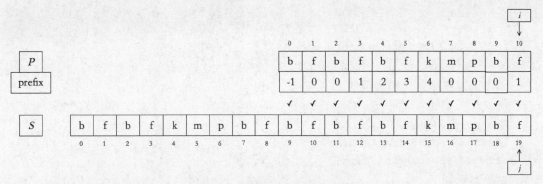

图 4-19　KMP 算法第十二次匹配

4. 代码实现

（1）构建前缀表，代码实现如下。

```
def prefix_table(pattern,prefix,n):
    prefix[0] = 0
    len,i=0,1
    while i < n:
        if pattern[i] == pattern[len]:
            len =len+1
            prefix[i] = len
        else:
            if len > 0:
                len = prefix[len-1]
            else:
                prefix[i] = len
        i =i+1
```

V4-2　KMP
算法

（2）移动前缀表，代码实现如下。

```
def move_prefix_table(prefix,n):
    for i in range(n-1,0,-1):
        prefix[i] = prefix[i-1]
    prefix[0] = -1
```

（3）实现 KMP 搜索算法，代码实现如下。

```
def kmp_search(text,pattern):
    n,m = len(pattern),len(text)
    prefix = [0 for _ in range(n)]
    prefix_table(pattern,prefix,n)
    move_prefix_table(prefix,n)
    i,j=0,0
    while i < m:
        if j == n-1 and text[i] == pattern[j]:
            print("Found pattern at %d"%(i-j))
```

```
        j = prefix[j]
    if text[i] == pattern[j]:
        i,j = i+1,j+1
    else:
        j = prefix[j]
        if j == -1:
            i,j=i+1,j+1
```

（4）调试程序，代码实现如下。

```
if __name__=='__main__':
    pattern = "ABABCABAA"
    text = "FJKABABCABAAFDSF"
    kmp_search(text,pattern)
```

结果显示如下。

```
Found pattern at 3
```

4.3 小结

本章介绍了串的基本定义和串的模式匹配算法，包括 Brute-Force 算法和 KMP 算法。读者要对比 Brute-Force 算法和 KMP 算法之间的异同。另外，读者若学有余力，可以了解一下 Boyer-Moore、Sunday、Aho-Corasick 等匹配算法。

4.4 习题

1. KMP 算法下，长为 n 的字符串中匹配长度为 m 的子串的复杂度为（　　）。
   A. $O(n)$　　　　　　B. $O(m+n)$　　　　C. $O(n+\log m)$　　　D. $O(m+\log n)$
2. 若串 $S=$ " software "，则其子串（包括空串）数目为（　　）。
   A. 8　　　　　　　　B. 37　　　　　　　C. 36　　　　　　　D. 9
3. 在由 n 个字符构成的字符串中，假设每个字符都不一样，则有（　　）个子串。
   A. $n+1$　　　　　　B. $n(n+1)/2+1$　　C. 2^n-1　　　　　D. $n!$
4. 下面关于串的叙述中，（　　）是不正确的。
   A. 串是字符的有限序列
   B. 空串是由空格构成的串
   C. 模式匹配是串的一种重要运算
   D. 串既可以采用顺序存储结构，又可以采用链式存储结构
5. 假设有两个串 A 和 B，求 B 在 A 中首次出现的位置的操作称为（　　）。
   A. 连接　　　　　　B. 模式匹配　　　　C. 求子串　　　　　D. 求串长
6. 关于 KMP 算法的说法，错误的是（　　）。
   A. 效率不一定比普通算法高　　　　　　B. next 值和主串没有关系
   C. 计算 next 值时，模式串也可以看作主串　D. 模式串 next 值从左到右增大
7. 串的长度是指（　　）。
   A. 串中不同字符的个数　　　　　　　　B. 串中不同字母的个数
   C. 串中所含字符的个数　　　　　　　　D. 串中不同数字的个数

第 5 章　广义表

学习目标

- 了解广义表的定义及其相关概念。
- 掌握求广义表的长度和深度的方法。

广义表是线性表的拓展，是一种复杂的数据结构。广义表在计算机图形学、文本处理、人工智能等领域中有广泛的应用。

5.1　定义

广义表是由 n 个类型相同的数据元素$(a_1$、a_2、$\cdots$、$a_n)$组成的有限序列。

广义表的元素可以是单个元素，也可以是一个广义表。通常广义表记作：

$$GL=(a_1,a_2,\cdots,a_n)$$

其中，GL 是广义表的名称，n 是广义表的长度。

V5-1　广义表

5.2　基本术语

1. 原子

在广义表 GL 中，如果 a_i 为单个元素，则称 a_i 为原子。

2. 子表

在广义表 GL 中，如果 a_i 也是一个广义表，则称 a_i 为广义表 GL 的子表。

3. 表头

在广义表 GL 中，如果 a_1 不为空，则称 a_1 为广义表的表头。

4. 表尾

在广义表 GL 中，除表头 a_1 外其余元素组成的表称为表尾。

5. 深度

广义表 GL 中括号嵌套的最大层数为广义表的深度。

6. 长度

广义表 GL 中的元素个数称为广义表的长度。

5.3 存储结构

广义表有两种数据元素，分别是子表和原子，因此需要两种结构的节点：一种是表节点，用来表示子表，如图 5-1 所示；另一种是原子节点，用来表示原子，如图 5-2 所示。

这里介绍广义表的头尾链表存储结构。若广义表不空，则可分解成由表头和表尾组成。

表节点由三个域组成，即标志域 tag、指向表头节点的指针域 ph、指向表尾节点的指针域 pt。表节点的标志域 tag=1。

图 5-1　广义表表节点　　　　　　　图 5-2　广义表原子节点

原子节点由两个域组成，即标志域 tag、值域 atom。原子节点的标志域 tag=0。

广义表的头尾链表存储结构代码实现如下。

```python
class Node(object):
    def __init__(self,ph,pt,tag,atom):
        self.ph = ph
        self.pt = pt
        self.tag = tag
        self.atom = atom
```

若广义表 $A=()$，则其头尾链表存储结构如图 5-3 所示。

若广义表 $B=(a)$，则其头尾链表存储结构如图 5-4 所示。

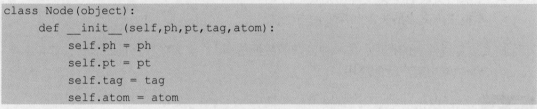

图 5-3　广义表 $A=()$　　　　图 5-4　广义表 $B=(a)$

若广义表 $C=((a))$，则其头尾链表存储结构如图 5-5 所示。

图 5-5　广义表 $C=((a))$

若广义表 $D=(a,(b,c),(d,(e,f)))$，则其头尾链表存储结构如图 5-6 所示。

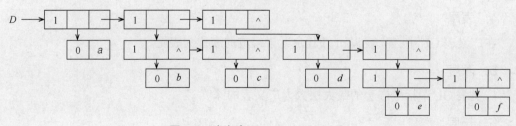

图 5-6　广义表 $D=(a,(b,c),(d,(e,f)))$

5.4 基本操作

1. 求广义表的长度

广义表的长度是指广义表包含节点的个数，只需要扫描其有多少个节点即可。
代码实现如下。

```
def length(self):
    # 判断是否有表
    if self.root is None or self.root.pt is None:
        return -1
    tLen = 0
    node = self.root
    # 求长度只需判断第一层的长度，判断到下一个表节点为空即结束
    while node.pt is not None:
        node = node.pt
        # 判断该表节点后是否有值
        if node.ph is None and node.pt is None:
            break
        # 长度自增
        tLen += 1
    return tLen
```

2. 求广义表的深度

广义表的深度是指广义表中嵌套表的最大嵌套深度，这里需要使用递归机制求解每个表节点的深度，并取出最大的嵌套深度。

代码实现如下。

```
def Listdepth(self,node):
    # 递归遍历层数以获取深度
    # 判断节点是否为原子节点，若是原子节点，则表示已到底，后面没有节点，返回0
    if node is None or node.tag is 0:
        return 0
    depHeader = 1 + self.Listdepth(node.ph)
    depTear = self.Listdepth(node.pt)
    if depHeader > depTear:
        return depHeader
    else:
        return depTear
```

5.5 广义表的应用

1. 题目描述

建立由整数元素组成的广义表，输出深度和长度。其中，子表用()表示，空表用(#)表示，各元素之间用逗号分隔。

2．解题分析

建立广义表可用两个栈来实现，其中，symStack 用来保存左括号和右括号，nodeStack 用来保存节点。self.root 指针指向该表的表节点，node 指针指向当前正在操作的节点。

当遇到左括号时，创建一个表节点，并且将其入栈到 symStack 中。入栈后判断当前栈的数据长度，长度大于 1，表明广义表的深度加深一层。此时，将该节点入栈到 nodeStack 中，并且使 node 节点的 ph 指针指向新构造的节点。

当遇到右括号时，如果 symStack 的数据长度大于 1，则表明此时并没有回到表的最外层，存在一个 nodeStack 节点要出栈，使与之相对应的左括号从 symStack 出栈。如果 symStack 的数据长度为 0，则算法结束。

当遇到逗号时，构造一个新的表节点，使当前节点的表尾指针指向新的节点。

当遇到一个原子符号时，创建一个原子节点，并使表头指向该节点。

3．代码实现

（1）栈 Stack 类的代码实现如下。

```python
class Stack:
    def __init__(self):
        self.items = []

    def isEmpty(self):
        return len(self.items) == 0

    def push(self,item):
        self.items.append(item)

    def pop(self):
        return self.items.pop()

    def peek(self):
        return self.items[len(self.items)-1]

    def size(self):
        return len(self.items)
```

（2）节点 Node 类的代码实现如下。

```python
class Node(object):
    def __init__(self,ph,pt,tag,atom):
        self.ph = ph
        self.pt = pt
        self.tag = tag
        self.atom = atom
```

（3）广义表 gList 类的代码实现如下。

```python
class gList(object):
    def __init__(self,*args):
        if len(args) is 1:
```

```
            self.createList(args[0])
        elif len(args) is 0:
            self.root = Node(None,None,1,None)


    def createList(self,gl):
        strlen = len(gl)
        symStack = Stack()
        nodeStack = Stack()
        self.root = Node(None,None,1,None)
        tableNode = self.root
        for i in range(strlen):
            if gl[i] is '(':
                tmpNode = Node(None,None,1,None)
                symStack.push(gl[i])
                if symStack.size() > 1:
                    nodeStack.push(tableNode)
                    tableNode.ph = tmpNode
                    tableNode = tableNode.ph
                else:
                    tableNode.pt = tmpNode
                    tableNode = tableNode.pt
            elif gl[i] is ')':
                if symStack.isEmpty():
                    return
                if symStack.size() > 1:
                    tableNode = nodeStack.pop()
                symStack.pop()
            elif gl[i] is ',':
                tableNode.pt = Node(None,None,1,None)
                tableNode = tableNode.pt
            else:
                itemNode = Node(None,None,0,gl[i])
                tableNode.ph = itemNode


    def depth(self):
        if self.root is None:
            return 0
        return self.Listdepth(self.root)


    def Listdepth(self,node):
        if node is None or node.tag is 0:
            return 0
        depHeader = 1 + self.Listdepth(node.ph)
        depTear = self.Listdepth(node.pt)
        if depHeader > depTear:
            return depHeader
        else:
```

```
            return depTear

    def length(self):
        if self.root is None or self.root.pt is None:
            return -1
        tLen = 0
        node = self.root
        while node.pt is not None:
            node = node.pt
            if node.ph is None and node.pt is None:
                break
            tLen += 1
        return tLen
```

（4）调试广义表 gList，代码实现如下。

```
if __name__=='__main__':
    p = "((),a,b,(a,b,c),(a,(a,b),c))"
    g = gList(p)
    print("广义表的长度：%d"%g.length())
    print("广义表的深度：%d"%g.depth())
```

结果显示如下。

```
广义表的长度：5
广义表的深度：3
```

5.6 小结

本章介绍了广义表，其是线性表的拓展，能够表示树结构和图结构（树结构将在第 6 章中讨论，图结构将在第 8 章中讨论）。广义表有两种存储结构，一种是头尾链表存储结构，另一种是拓展线性存储结构，本章只介绍了头尾链表的存储结构，学有余力的读者可以了解一下拓展线性存储结构。

5.7 习题

1. 以下关于广义表的叙述中，正确的（　　　）。
   A. 广义表是 0 个或多个单因素或子表组成的有限序列
   B. 广义表至少有一个元素是子表
   C. 广义表不可以是自身的子表
   D. 广义表不能为空表
2. 设广义表 $L=((a,b,c))$，则 L 的长度和深度分别是（　　　）。
   A. 1 和 1　　　　B. 1 和 3　　　　C. 1 和 2　　　　D. 2 和 3

第 **6** 章 树和二叉树

学习目标

- 了解树和二叉树的基本概念。
- 掌握二叉树的顺序存储结构和链式存储结构。
- 掌握满二叉树、完全二叉树的定义、特点和性质。
- 掌握二叉树的遍历。
- 掌握二叉树的基本操作，如求叶子节点数和二叉树高度。
- 理解树的基本存储结构，以及树、森林和二叉树的转换原理与过程。

树（Tree）是数据节点之间具有层次关系的非线性结构。在树结构中，根节点没有前驱节点；除根节点外的节点只有一个前驱节点，有零或多个后继节点。

6.1 树

6.1.1 树的定义

树是有 n（$n \geq 0$）个节点的有限集合 T，若 n=0，则称为空树。n>0 的树由以下条件构成。

（1）有且只有一个特定的节点，称为树的根（Root）节点。

（2）若 n>1，其余节点被分为 m（m>0）个互不相交的子集 T_1、T_2、T_3、…、T_m，其中每个子集 T_i 本身又是一棵树，称其为根的子树。

在图 6-1 所示的树中，节点 B、C 分别是根节点 A 的子集，并且 B、C 可以是以 B 节点和 C 节点为根节点的树。

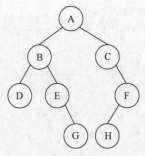

图 6-1 树

V6-1 树

数据结构（Python 语言描述）（微课版）

6.1.2 基本术语

1. 节点

树的节点可以包含一个数据元素和若干指向其子树的分支。节点可以分为根节点、叶子节点（或终端节点）、非叶子节点（或非终端节点或分支节点）。节点之间的关系有孩子节点、双亲节点、兄弟节点、堂兄弟节点。

2. 节点的度

节点所拥有的子树的棵数称为节点的度。例如，在图 6-1 所示的树中，根节点 A 的度为 2。

3. 叶子节点

树中度为 0 的节点称为叶子节点。例如，在图 6-1 所示的树中，D、G、H 均为叶子节点。

4. 非叶子节点

树中度不为 0 的节点称为非叶子节点。例如，在图 6-1 所示的树中，B、C、E 等为非叶子节点。

5. 孩子节点与双亲节点

节点的子树的根称为该节点的孩子节点或子节点，与此对应，该节点称为孩子节点的双亲节点。例如，在图 6-1 所示的树中，B、C 为 A 的孩子节点，A 是 B、C 的双亲节点。

6. 兄弟节点

同一双亲节点的所有子节点互称为兄弟节点。例如，在图 6-1 所示的树中，B、C 是兄弟节点。

7. 堂兄弟节点

双亲节点在同一层上的所有节点互称为堂兄弟节点。例如，在图 6-1 所示的树中，E、F 称为堂兄弟节点。

8. 树的度

树中节点度的最大值称为树的度。例如，在图 6-1 所示的树中，树的度为 2。

9. 层次

树中根节点的层次规定为 1，其余节点的层次等于其双亲节点的层次加 1。若某节点在第 n（$n \geq 1$）层，则其子节点在第 $n+1$ 层。

在图 6-2 所示的树中，节点 1 在第 1 层，节点 2 在第 2 层，节点 4 在第 3 层。

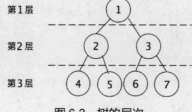

图 6-2　树的层次

10. 节点的层次路径

从根节点开始,到达某节点 p 所经过的所有节点组成的路径称为节点 p 的层次路径(有且只有一条)。在图 6-2 所示的树中,节点 4 的层次路径为 1→2→4。

11. 节点的祖先

节点 p 的层次路径上的所有节点(p 除外)称为 p 的祖先。例如,在图 6-2 所示的树中,节点 4 的祖先有节点 2、节点 1。

12. 子孙的节点

以某一节点为根的子树中的任意节点称为该节点的子孙节点。例如,在图 6-2 所示的树中,节点 2、节点 3、节点 4、节点 5、节点 6 和节点 7 均为节点 1 的子孙节点。

13. 树的高度

树中节点的最大层次值又称为树的高度。例如,在图 6-2 所示的树中,最大层为 3,即树的高度为 3。

14. 森林

m($m \geq 0$)棵互不相交的树的集合称为森林。显然,若将一棵树的根节点删除,则剩余的子树就构成了森林。

15. 有序树与无序树

如果将树中节点的各子树看作从左到右是有次序的,不能互换,则称该树为有序树,否则称为无序树。

6.1.3 存储结构

树的存储结构有双亲表示法、孩子表示法、孩子兄弟表示法。下面将分别介绍这三种存储结构的构造方法。

1. 双亲表示法

双亲表示法是用一组连续的存储单元存储树的每个节点,每个节点设置指针域 parent 指向其双亲。由于根节点没有双亲节点,因此,根节点的指针域 parent 设置为-1。数据域 data 用来存放节点中的数据信息。其存储结构如图 6-3 所示。

图 6-3 双亲表示法节点存储结构

双亲表示法节点存储结构代码实现如下。

```
class Node(object):
    def __init__(self,data,parent):
        self.data = data
        self.parent = parent
```

在图 6-4 所示的树中,如果使用双亲表示法,那么如何将这棵树存储起来呢?

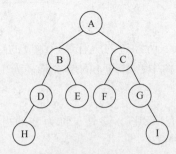

图 6-4　树

由前文可知，双亲节点可以用一组连续存储的单元来存储树中的每个节点，那么可以用数组来存放树的节点。由于根节点 A 没有双亲节点，因此根节点 A 的双亲域（parent 域）可以置为-1，将其他节点的双亲域设为其双亲的 index。将图 6-4 所示的树使用双亲表示法存储后如表 6-1 所示。

表 6-1　双亲表示法存储树

index	data	parent
0	A	-1
1	B	0
2	C	0
3	D	1
4	E	1
5	F	2
6	G	2
7	H	3
8	I	6

2. 孩子表示法

孩子表示法把每个节点的孩子排列起来，以单链表为存储结构。孩子表示法有两种节点存储结构：一种是孩子节点，另一种是表头数组中的表头节点。

在孩子节点中，每个节点设置两个域，一个是数据域 index，另一个是指针域 next。数据域 index 为该节点在表头数组中的位置；指针域 next 则存储指向该节点的下一个孩子节点的指针。孩子表示法孩子节点存储结构如图 6-5 所示。

图 6-5　孩子表示法孩子节点存储结构

孩子表示法孩子节点存储结构代码实现如下。

```
class Node(object):
```

```
    def __init__(self,index):
        self.index = index
        self.next = None
```

在表头节点中，每个节点设置了两个域，分别是数据域 data 和头孩子指针域 firstchild。数据域 data 用来存储节点中的数据信息，头孩子指针域 firstchild 用来存储节点的孩子链表的头指针。孩子表示法表头节点存储结构如图 6-6 所示。

data	first child

图 6-6　孩子表示法表头节点存储结构

孩子表示法表头节点存储结构代码实现如下。

```
class Vertex(object):
    def __init__(self,data):
        self.data = data
        self.firstchild = None
```

现在用孩子表示法来存储图 6-4 所示的树。

孩子表示法首先用一组数据来存放表头节点，表头节点中有一个头孩子指针指向该节点的头孩子。所谓头孩子，就是表头节点的后继节点。例如，A 节点链表的头孩子节点就是 index 为 1 的节点。另外，孩子节点中还有一个 next 指针指向它的兄弟节点。图 6-4 所示的树用孩子表示法存储起来，如图 6-7 所示。

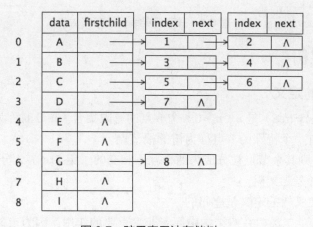

图 6-7　孩子表示法存储树

3. 孩子兄弟表示法

任意一棵树，某个节点的头孩子是唯一的，它的右兄弟也是唯一的。因此，孩子兄弟表示法中的节点设置了两个指针域和一个数据域，数据域 index 表示节点在表头数组中的位置；指针域 firstchild 指向该节点的头孩子节点；指针域 rightsib 指向该节点的右兄弟节点。孩子兄弟表示法中节点存储结构如图 6-8 所示。

index	firstchild	rightsib

图 6-8　孩子兄弟表示法节点存储结构

孩子兄弟表示法节点存储结构代码实现如下。

```python
class Node(object):
    def __init__(self,data):
        self.data = data
        self.firstchild = None
        self.rightsib = None
```

下面将图 6-4 所示的树用孩子兄弟表示法存储起来。

孩子兄弟表示法中的节点有两个指针域，一个指向头孩子节点，另一个指向右兄弟节点。若是右兄弟节点为空，则将 rightsib 指针指向空。图 6-9 就是图 6-4 所示的树使用孩子兄弟表示法存储后的结构。

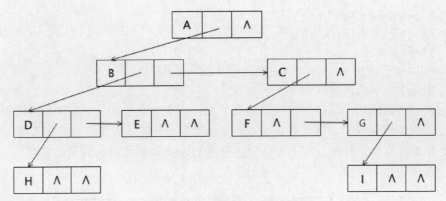

图 6-9　孩子兄弟表示法存储树

6.2　二叉树

6.2.1　二叉树的定义

二叉树（Binary tree）是 n（$n \geq 0$）个节点的有限集合。$n=0$ 时称为空树，否则：

（1）有且只有一个特殊的节点称为树的根节点。

（2）若 $n>0$，则其余节点被分成为两个互不相交的子集 T_1、T_2，分别称为左、右子树，并且左、右子树都是二叉树。

由此可知，二叉树的定义是递归的。

二叉树在树结构中起着非常重要的作用，因为二叉树结构简单，存储效率高，树的操作算法相对简单，且任何树都很容易转换成二叉树结构。6.1 节引入的有关树的基本术语也都适用于二叉树。

树和二叉树的主要区别是，树中节点的最大度数没有限制，而二叉树限制了节点中的最大度数只能为 2。

V6-2　二叉树

6.2.2　二叉树的基本形态

二叉树的基本形态有如下 5 种。

（1）空二叉树，没有节点，即该二叉树有 0 个节点，如图 6-10 所示。

（2）单节点二叉树，即只有一个节点的二叉树，如图 6-11 所示。

图 6-10　空二叉树

图 6-11　单节点二叉树

（3）右子树为空的二叉树，即没有右子树，如图 6-12 所示。

（4）左子树为空的二叉树，即没有左子树，如图 6-13 所示。

（5）左、右子树都不为空的二叉树，如图 6-14 所示。

图 6-12　右子树为空的二叉树　　图 6-13　左子树为空的二叉树　　图 6-14　左、右子树都不为空的二叉树

6.2.3　满二叉树和完全二叉树

1. 满二叉树的定义

一棵高度为 k 且有 2^k-1 个节点的二叉树称为满二叉树，图 6-15 所示为一棵满二叉树。

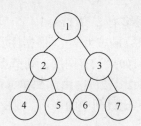

图 6-15　满二叉树

2. 满二叉树的特点

（1）叶子节点只能出现在最后一层。

（2）非叶子节点都有左、右子树。

（3）在同样高度的二叉树中，满二叉树的节点个数最多，叶子数最多。

3. 完全二叉树的定义

高度为 k，有 n 个节点的二叉树，当且仅当其每一个节点都与高度为 k 的满二叉树中编号从 1 到 n 的节点一一对应时，该二叉树才称为完全二叉树，其中，$2^{k-1}\leqslant n\leqslant 2^k-1$，图 6-16 所示为一棵完全二叉树。

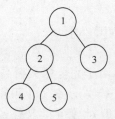

图 6-16　完全二叉树

V6-3 满二叉树
和完全二叉树

满二叉树一定是完全二叉树，完全二叉树不一定是满二叉树。

4．完全二叉树的特点

（1）叶子节点只能出现在最后两层。

（2）最下层的叶子一定集中在左边连续位置上。

（3）倒数第二层如有叶子节点，则一定都在右边连续位置上。

（4）如果节点度为 1，则该节点只有左子树，不存在右子树。

（5）同样节点数的二叉树，完全二叉树高度最小。

6.2.4　二叉树的性质

1．性质 1

在非空二叉树中，第 i 层上最多有 2^{i-1}（$i \geqslant 1$）个节点。

用数学归纳法证明，第一层：$2^{1-1}=2^0=1$。第二层：$2^{2-1}=2^1=2$。第三层：$2^{3-1}=2^2=4$。由上面的规律可以发现，这是一个首项为 1、公比为 2 的等比数列，可以得到第 n 层的节点数最多为 2^{n-1}。

2．性质 2

一棵高度为 k 的二叉树中，最多有 2^k-1（$k \geqslant 1$）个节点。

由性质 1 可知，第 i 层的节点数最多为 2^{i-1}，根据性质 1 的结论可以得出，如果只有一层，则节点数最多为 $2^{1-1}=1=2^1-1$；如果只有两层，则节点数最多为 $2^{1-1}+2^{2-1}=2^2-1$；如果只有三层，则节点数最多为 $2^{1-1}+2^{2-1}+2^{3-1}=2^3-1$；由此规律可得，高度为 k 的二叉树最多有 2^k-1 个节点。既然每层的节点数都是等比数列中的一项，那么高度为 k 的二叉树中，当该二叉树为满二叉树时，节点数最多。

3．性质 3

对于任何一棵非空二叉树，若其叶子节点数为 n_0，度为 2 的节点数为 n_2，则 $n_0=n_2+1$。

证明：假设在二叉树中，度为 1 的节点总数为 n_1，度为 2 的节点总数为 n_2，度为 0 的节点总数为 n_0，则节点总数 $n=n_0+n_1+n_2$。从另外一个角度来考虑，在二叉树中，分支是由度为 1 或者度为 2 的节点发出的，设分支数为 b，则 $b=n_2 \times 2+n_1$；另外，在二叉树中，除了根节点没有入度外，其他节点均有入度，且度数为 1，因此分支数等于除根节点外其他节点的入度数的总和，即 $b=n-1$（1 表示根节点）。由于 $b=n_2 \times 2+n_1$ 且 $b=n-1$，则得出 $n_2 \times 2+n_1=n-1$，代入节点总数 $n=n_0+n_1+n_2$，可得到公式 $n_2 \times 2+n_1=n_0+n_1+n_2-1$，化简即得 $n_0=n_2+1$，命题成立。

4．性质 4

n 个节点的完全二叉树的高度为 $[\log_2 n]+1$。

证明：由完全二叉树定义可得，高度为 k 的完全二叉树的前 $k-1$ 层是高度为 $k-1$ 的满二叉树，一共有 $2^{k-1}-1$ 个节点。由于完全二叉树高度为 k，故第 k 层上还有若干个节点，因此，由该完全二叉树的节点个数 $n>2^{k-1}-1$ 可得 $2^{k-1}-1<n \leqslant 2^k-1$；由于 n 为整数，可以推出 $2^{k-1} \leqslant n<2^k$，对不等式取对数可得 $k-1 \leqslant \log_2 n<k$，而 k 作为整数，因此 $k=[\log_2 n]+1$。

5．性质 5

对于具有 n 个节点的完全二叉树，如果按照从上至下和从左至右的顺序对二叉树中的所有节点进行编号，则根节点为 1，任一层的节点 i（$1 \leqslant i \leqslant n$）都有以下特点。

V6-4　完全二叉树的性质

（1）如果 $i=1$，则节点是二叉树的根，无双亲；如果 $i>1$，则其双亲节点编号为 $[i/2]$，向下取整。

（2）如果 $2i>n$，那么节点 i 没有左孩子，否则其左孩子编号为 $2i$。

（3）如果 $2i+1>n$，那么节点没有右孩子，否则其右孩子编号为 $2i+1$。

6.2.5　顺序存储结构

如果要使用一维数组来存储二叉树，则先要将二叉树想象成满二叉树，而且第 k 层有 2^{k-1} 个节点，如图 6-17 所示。

将图 6-17 所示二叉树存入数组，按照从上到下、从左到右的顺序依次把二叉树的节点存放在此一维数组中。为了能够正确反映二叉树中节点的逻辑关系，需要在一维数组中将二叉树中不存在的节点位置空出，并用 ∧ 填充，如图 6-18 所示。

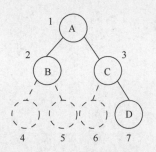

图 6-17　将二叉树补全成满二叉树

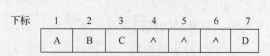

图 6-18　用数组存储二叉树

这里考虑一种极端的情形，假如该二叉树是一棵右斜树，如图 6-19 所示，则保存图 6-19 所示二叉树的数组，如图 6-20 所示。

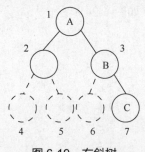

图 6-19　右斜树

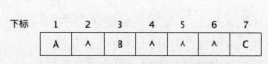

图 6-20　存储右斜树的数组

可见，用数组来存储斜树浪费了很多空间，而且增删数据的时候需要重新建立二叉树。

当该二叉树为满二叉树时，如图 6-21 所示。

存储该二叉树的数组，如图 6-22 所示。

图 6-21　满二叉树　　　　　图 6-22　存储满二叉树的数组

综上可知，顺序存储对于完全二叉树和满二叉树来说是比较合适的，因为采用顺序存储既能节省内存单元，又能够通过访问下标值得到每个节点的存储结构。

6.2.6　链式存储结构

二叉树的链式存储就是用链表来存储二叉树。在二叉树中，每个节点最多有两个子节点，因此二叉树的节点包括两个指针域和一个数据域，如图 6-23 所示。

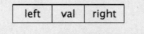

图 6-23　二叉树的链式存储结构

指针域 left：存储指向左孩子节点的指针。
指针域 right：存储指向右孩子节点的指针。
数据域 val：存储该节点的数据。
二叉树链式存储结构代码实现如下。

```python
class Node(object):
    def __init__(self,val):
        self.val = val
        self.left = None
        self.right = None
```

有时候，为了方便找到双亲节点，会在二叉树的存储结构中再添加一个指向双亲节点的指针域 parent，这种存储结构称为三叉链表节点存储结构，如图 6-24 所示。

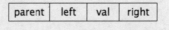

图 6-24　三叉链表节点存储结构

指针域 parent：存储指向双亲节点的指针。
指针域 left：存储指向左孩子节点的指针。
指针域 right：存储指向右孩子节点的指针。
数据域 val：存储该节点的数据。
三叉链表节点存储结构代码实现如下。

```python
class Node(object):
    def __init__(self,val):
        self.val = val
```

```
        self.left = None
        self.right = None
        self.parent = None
```

采用二叉树的链式存储结构来存储如图 6-25 所示的二叉树，其存储结构如图 6-26 所示。

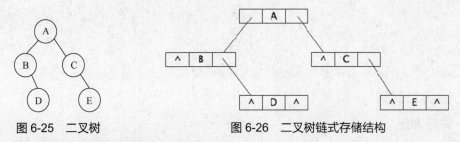

图 6-25 二叉树   图 6-26 二叉树链式存储结构

图 6-26 所示存储结构的代码实现如下。

节点 Node 类的代码实现如下。

```
class Node(object):
    def __init__(self,val):
        self.val = val
        self.left = None
        self.right = None
```

二叉树 LinkTree 类的代码实现如下。

```
class LinkTree(object):
    def __init__(self):
        self.root = None

    def add(self,val):
        '''
        非递归添加节点
        :param val: 待添加元素
        '''
        node = Node(val)
        # 如果根节点为空
        if self.root == None:
            self.root = node
        # 如果根节点不为空
        else:
            queue = []
            queue.append(self.root)
            # 当前队列不为空
            while queue:
                cur = queue.pop(0)
                # cur 节点的左子树为空，将新节点插入左子树
                if cur.left == None:
```

```
            cur.left = node
            return
    # cur 节点的右子树为空，将新节点插入右子树
    elif cur.right == None:
            cur.right = node
            return
    # cur 节点的左、右子树都不为空，将左、右子节点入队
    else:
            queue.append(cur.left)
            queue.append(cur.right)
```

6.2.7 遍历二叉树

1. 先序遍历

先序遍历有两种方式：一种是递归方式；另一种是非递归方式，非递归方式需要借助栈来实现。下面将使用两种遍历方式来对图 6-27 所示的满二叉树进行遍历。

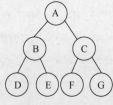

图 6-27 满二叉树

（1）递归先序遍历

步骤 1：先判断当前根节点是否为空，若不为空，则进行步骤 2、步骤 3 和步骤 4。

步骤 2：访问根节点（输出根节点）。

步骤 3：先序遍历左子树（递归调用本算法）。

步骤 4：先序遍历右子树（递归调用本算法）。

代码实现如下。

```
def recursive_pre(self,node):              #递归先序遍历
    if node != None:                       #若 node 不为空
        print(node.val,end=" ")            #打印 node 的数据信息
        self.recursive_pre(node.left)      #遍历 node 节点的左子树
        self.recursive_pre(node.right)     #遍历 node 节点的右子树
```

通过递归先序遍历对图 6-27 所示的满二叉树进行遍历的结果为 A，B，D，E，C，F，G。

（2）非递归先序遍历

步骤 1：访问根节点。

步骤 2：根节点入栈。

步骤 3：如果根节点的左孩子存在，则访问根节点的左孩子，并入栈；重复操作，直到节点的左孩子不存在。

步骤 4：将栈顶元素出栈，并判断该节点是否有右孩子；若有，则将当前指针指向该节点的右孩子。

代码实现如下。

```
def non_recursive_pre(self,root):
    # 使用一个栈来实现非递归先序遍历
    stack = []
```

```
node = root
while node or stack:
    # 如果节点不为空
    while node!= None:
        # 打印当前节点
        print(node.val,end=" ")
        # 将节点的左孩子入栈
        stack.append(node)
        # 将当前指针指向节点的左孩子
        node = node.left
    # temp 为最后一个入栈的节点
    temp =stack.pop()
    # 判断最后一个入栈的节点是否有右孩子
    if temp.right != None:
        # 如果有右孩子，则将当前指针指向节点的右孩子
        node = temp.right
```

通过非递归先序遍历方式对图 6-27 所示的满二叉树进行遍历的结果是 A，B，D，E，C，F，G。

2. 中序遍历

中序遍历有两种方式：一种是递归方式；另一种是非递归方式，非递归方式需要借助栈来实现。下面将使用两种遍历方式来对图 6-27 所示的满二叉树进行遍历。

（1）递归中序遍历

步骤 1： 先判断二叉树是否为空，若不为空，则进行步骤 2、步骤 3 和步骤 4。

步骤 2： 中序遍历左子树（递归调用本算法）。

步骤 3： 访问根节点（输出根节点）。

步骤 4： 中序遍历右子树（递归调用本算法）。

代码实现如下。

```
def recursive_in(self,node):
    if node != None:                          #当前节点不为空
        self.recursive_in(node.left)          #递归访问当前节点的左子树
        print(node.val,end=" ")               #打印当前节点的数据信息
        self.recursive_in(node.right)         #递归访问当前节点的右子树
```

通过递归中序遍历对图 6-27 所示的满二叉树进行遍历的结果为 D，B，E，A，F，C，G。

（2）非递归中序遍历

步骤 1： 如果根节点不为空，则将根节点入栈。

步骤 2： 如果根节点的左孩子存在，则将左孩子节点入栈；重复操作，直到节点的左孩子不存在。

步骤 3： 将栈顶元素出栈，并访问该指针指向的节点，如果该指针的右孩子存在，则将当前指针指向右孩子节点。

步骤 4：重复步骤 2 和步骤 3，直到栈空。

代码实现如下。

```python
def non_recursive_in(self,root):
    stack = []
    node = root
    while node or stack:
        # 如果节点不为空
        while node != None:
            # 将节点入栈
            stack.append(node)
            # 将当前指针指向节点的左孩子
            node = node.left
        # 将最后一个入栈的元素出栈
        temp = stack.pop()
        # 打印该节点的数据信息
        print(temp.val,end=" ")
        # 如果该节点存在右孩子节点
        if temp.right != None:
            # 将当前指针指向节点的右孩子节点
            node = temp.right
```

通过非递归中序遍历方式对图 6-27 所示的满二叉树进行遍历的结果是 D，B，E，A，F，C，G。

3. 后序遍历

（1）递归后序遍历

步骤 1：先判断二叉树是否为空，若不为空，则进行步骤 2、步骤 3 和步骤 4。

步骤 2：后序遍历左子树（递归调用本算法）。

步骤 3：后序遍历右子树（递归调用本算法）。

步骤 4：访问根节点（输出根节点）。

代码实现如下。

```python
def recursive_post(self,root):              # 递归后序遍历
    if root != None:                        # 当前节点不为空
        self.recursive_post(root.left)      # 递归访问当前节点的左子树
        self.recursive_post(root.right)     # 递归访问当前节点的右子树
        print(root.val,end=" ")             # 打印当前节点的数据信息
```

通过递归后序遍历对图 6-27 所示的满二叉树进行遍历的结果为 D，E，B，F，G，C，A。

（2）非递归后序遍历

步骤 1：如果根节点不为空，则根节点入栈 1。

步骤 2：将栈 1 的栈顶元素出栈。

步骤 3：判断根节点的左孩子是否存在，存在则入栈 1。

步骤 4：判断根节点的右孩子是否存在，存在则入栈 1。

步骤 5：将栈 1 出栈的元素添加到栈 2 中。

步骤 6：重复步骤 2、步骤 3、步骤 4 和步骤 5，直到栈 1 为空。

步骤 7：打印栈 2 的元素。

代码实现如下。

```python
def non_recursive_post(self,root):
    stack1 = []
    stack2 = []
    # 将当前节点入栈1
    stack1.append(root)
    # 当栈1不为空时
    while stack1:
        # 从栈1弹出栈顶元素
        node = stack1.pop()
        # 如果当前节点的左孩子节点不为空
        if node.left != None:
            # 将左孩子节点入栈
            stack1.append(node.left)
        # 如果当前节点的右孩子节点不为空
        if node.right != None:
            # 将右孩子节点入栈
            stack1.append(node.right)
        # 将当前节点入栈2
        stack2.append(node)
    # 打印栈2中的数据
    while stack2:
        print(stack2.pop().val,end=" ")
```

通过非递归后序遍历对图 6-27 所示的满二叉树进行遍历的结果为 D，E，B，F，G，C，A。

6.2.8 二叉树的其他操作

1. 求二叉树的高度

若二叉树为空，则树的高度为 0；若二叉树不为空，则它的高度等于左子树和右子树中的最大高度加 1，代码实现如下。

```python
def deep(self,node):
    # 空树，树的高度为0
    if node == None:
        return 0
    # 否则，遍历树的左子树和右子树
    else:
        leftdeep = self.deep(node.left)
        rightdeep = self.deep(node.right)
```

```
# 获得左、右子树中高度最大的树的高度
maxdeep = max(leftdeep,rightdeep)
# 加上根节点的层次，maxdeep+1
return maxdeep+1
```

2. 求二叉树中的节点数

如果二叉树为空，则节点为 0；否则，节点数等于左子树的节点数和右子树的节点数之和加上根节点，即加上 1，代码实现如下。

```
def countNode(self,node):
    if node == None:
        return 0
    else:
        leftCount = self.countNode(node.left)
        rightCount = self.countNode(node.right)
        sumCount = leftCount+rightCount+1
        return sumCount
```

6.3 树和森林

6.3.1 树转换为二叉树

将图 6-28 所示的树转换为二叉树。

步骤 1：将树中同一层次的节点用线连接起来，如图 6-29 所示。

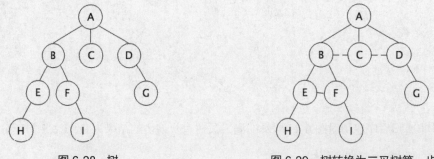

图 6-28 树　　　　　　图 6-29 树转换为二叉树第一步

步骤 2：只保留双亲节点与头孩子节点（最左边的孩子）的连线，将双亲节点与其他孩子节点的连线删除，如图 6-30 所示。

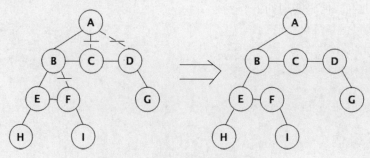

图 6-30 树转换为二叉树第二步

步骤 3：对修改后的树进行调整，所得即为二叉树，头孩子是二叉树节点的左孩子，兄弟节点是二叉树节点的右孩子，如图 6-31 所示。

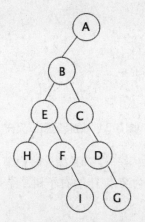

图 6-31 树转换为二叉树第三步

6.3.2 森林转换为二叉树

森林是由若干棵树组成的，森林转换为二叉树，其实就是将森林中的若干棵树转换为二叉树，再将这些二叉树按照规则转换成一棵二叉树。

将图 6-32 所示的森林转换为二叉树。

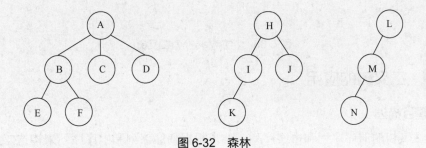

图 6-32 森林

步骤 1：将森林中的树转换为二叉树，如图 6-33 所示。

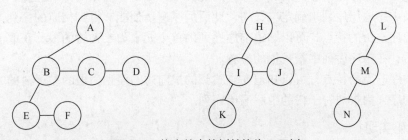

图 6-33 将森林中的树转换为二叉树

对图 6-33 所示的二叉树进行一定角度的旋转调整，如图 6-34 所示。

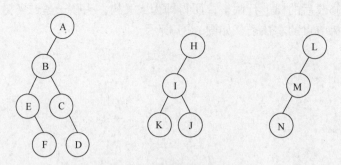

图 6-34　旋转调整二叉树

步骤 2：将若干棵二叉树转换为一棵二叉树，将根节点为 H 的二叉树作为节点 A 的右子树，将根节点为 L 的二叉树作为节点 H 的右子树，结果如图 6-35 所示。

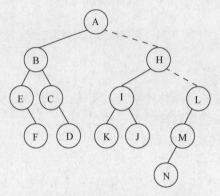

图 6-35　将森林转换为二叉树

6.4　二叉树的应用

1. 题目描述

给定二叉树的前序序列和中序序列，要求根据前序序列和中序序列来构造二叉树。

2. 解题分析

中序遍历和前序或中序遍历和后序遍历能够唯一确定一棵二叉树，因此，这里给定前序遍历以及中序遍历序列来确定二叉树，此后后序遍历便能够得到相应的序列。

根据前序遍历的特点，可以知道前序序列的首个元素为二叉树的根，获取前序序列的首个元素后，在中序序列中查找根的位置。

根据中序遍历的特点，可以知道在查找到的根前边的序列为根的左子树的中序遍历序列，后边的序列为根的右子树的中序遍历序列。

3. 代码实现

（1）节点类 Node 的代码实现如下。

```
class Node(object):
    def __init__(self,val):
        self.val = val
```

```
        self.left = None
        self.right = None
```

（2）构造二叉树类 BuildTree 的代码实现如下。

```python
class BuildTree(object):
    def __init__(self,pre,mid):
        self.root = self.buildTree(pre,mid)


    def buildTree(self,preOrder,midOrder):
        '''
        #构造二叉树
        :param preOrder: 前序序列
        :param midOrder: 中序序列
        '''
        root = Node(preOrder[0])
        # 如果前序序列只有一个元素
        if len(preOrder) == 1:
            return root
        # 在前序序列中，index 为 0 的节点就是根节点
        root_index = 0
        # 获取根节点在中序序列中的下标值
        for i in range(len(midOrder)):
            if preOrder[0] == midOrder[i]:
                break
            root_index += 1
        # 左子树前序序列
        preOrder_l = [root_index]
        # 右子树前序序列
        preOrder_r = [root_index]
        # 左子树中序序列
        midOrder_l = [root_index]
        # 右子树中序序列
        midOrder_r = [root_index]
        for i in range(root_index):
            # 构造左子树前序序列
            preOrder_l[i] == preOrder[i+1]
            # 构造左子树中序序列
            midOrder_l[i] = midOrder[i]
        for i in range(len(midOrder)-root_index-1):
            # 构造右子树前序序列
            preOrder_r[i] = preOrder[i+root_index+1]
            # 构造右子树中序序列
            midOrder_r[i] = midOrder[i+root_index+1]
```

```
        # 递归左子树
        root.left = self.buildTree(preOrder_l,midOrder_l)
        # 递归右子树
        root.right = self.buildTree(preOrder_r,midOrder_r)
        return root

    def PostOrder(self,root):
        '''
        后序遍历
        :param root: 根节点
        '''
        if root != None:
            self.PostOrder(root.left)
            self.PostOrder(root.right)
            print(root.val,end=" ")
```

（3）调试代码实现如下。

```
if __name__=='__main__':
    # 前序序列
    pre = [2,1,3]
    # 中序序列
    mid = [1,2,3]
    bt = BuildTree(pre,mid)
    bt.PostOrder(bt.root)
```

结果显示如下。

```
1 3 2
```

6.5 小结

树与线性结构不同，线性结构是一对一的数据结构，而树是一对多的数据结构。在树中，每个节点可以有任意多个后继节点。除根节点外，每个节点有且只有一个前驱节点。树中节点的前驱节点称为该节点的父亲或双亲节点，后继节点称为该节点的孩子节点。

二叉树是度为 2 的树，每个节点最多有两个孩子，分别是左孩子和右孩子。若节点没有左孩子或者右孩子，则相应的指针域为空。

二叉树具有顺序和链式存储结构，对于完全二叉树，适合采用顺序存储结构（数组存储）。对于一般的二叉树，适合采用链式存储结构。

6.6 习题

1. 二叉树中所有节点的度等于所有节点加（   ）。

    A. 0   B. 1   C. -1   D. 2

2. 在一棵具有 n 个节点的二叉树中，所有节点的空子树个数等于（   ）。

    A. n B. $n-1$ C. $n+1$ D. $2\times n$

3. 在一棵完全二叉树中，若编号为 i 的节点存在左孩子，则左孩子节点的编号为（　　）。

　　A. $2 \times i$　　　　B. $2 \times i - 1$　　　　C. $2 \times i + 1$　　　　D. $2 \times i + 2$

4. 有一棵具有 35 个节点的完全二叉树，其高度为（　　）。

　　A. 6　　　　　　B. 7　　　　　　C. 5　　　　　　D. 8

5. 具有 10 个叶子节点的二叉树中有（　　）个度为 2 的节点。

　　A. 8　　　　　　B. 9　　　　　　C. 10　　　　　　D. 11

6. 一棵二叉树高度为 h，所有节点的度或为 0，或为 2，则这棵二叉树最少有（　　）个节点。

　　A. $2h$　　　　　B. $2h-1$　　　　C. $2h+1$　　　　D. $h+1$

7. 高度为 h 的完全二叉树最少有（　　）个节点。

　　A. 2^h　　　　B. 2^h+1　　　　C. 2^{h-1}　　　　D. 2^h-1

8. 一棵二叉树的前序序列是 ABCDEFG，它的中序序列可能是（　　）。

　　A. CABDEFG　　B. ABCDEFG　　C. DACEFBG　　D. ADBCFEG

9. 在一棵非空二叉树的中序序列中，根节点的右边（　　）。

　　A. 只有右子树上的所有节点　　　　B. 只有右子树上的部分节点

　　C. 只有左子树上的部分节点　　　　D. 只有左子树上的所有节点

第 7 章　常用二叉树

学习目标

- 掌握二叉搜索树的概念、操作。
- 掌握哈夫曼树的概念及其构造过程。
- 掌握堆的向上调整和向下调整操作。
- 掌握平衡树的插入、平衡旋转操作。

本章将介绍常用的几种二叉树，分别是二叉搜索树、堆、哈夫曼树、平衡二叉树，掌握这几种常用二叉树有利于解决实际问题。

7.1　二叉搜索树

二叉搜索树又称二叉查找树，是二叉树的一种，如果二叉搜索树非空，则其具有以下特性。

（1）如果它的左子树非空，则左子树上所有节点的数值均小于根节点的数值。

（2）如果它的右子树非空，则右子树上所有节点的数值均大于根节点的数值。

V7-1　二叉
搜索树

（3）左、右子树本身又各是一棵二叉搜索树。

下面介绍二叉搜索树的基本操作。

1．查找给定的数值 key

从根节点开始查找，如果大于根节点，则在根节点的右子树中查找；如果小于根节点，则在根节点的左子树中查找；如果等于根节点，则查找成功，算法结束。

图 7-1 所示为一棵二叉搜索树，现在要在该二叉搜索树中查找关键字 key 为 55。从根节点开始查找，关键字 key 大于根节点的权值，所以在根节点的右子树中继续查找；关键字 key 小于该右子树根节点的权值，所以继续在当前子树的左子树中查找；关键字 key 值 55 等于当前子树根节点的权值，查找成功。

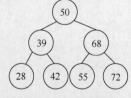

图 7-1　二叉搜索树

继续在二叉搜索树中查找关键字 20。将 20 与根节点的权值相比，20 小于 50，所以在根节点的左子树中查找；20 小于该左子树根节点的权值 39，所以继续在当前节点的左子树中查找，20 小于当前节点的权值 28，而且当前节点已经是叶子节点了，没有左孩子节点，所以查找失败。

查找给定的数值 key 的代码实现如下。

```python
def contains(self,key):
    if self.root == None:
        return False
    cur = self.root
    while cur != None:
        # 如果 key 等于 cur 指针指向的节点的数值
        if key == cur.val:
            return True
        # 如果 key 大于 cur 指针指向的节点的数值
        elif key > cur.val:
            # 将 cur 指针指向原本节点的右孩子
            cur = cur.right
        # 如果 key 小于 cur 指针指向的节点的数值
        else:
            # 将 cur 指针指向原本节点的左孩子
            cur = cur.left
    # 查找失败返回 False
    return False
```

2. 插入节点

在二叉树中插入新节点，若二叉树为空，则将新节点作为根节点。

若二叉树不为空，如果新节点的权值小于等于根节点的权值，则在左子树中插入新节点；如果新节点的权值大于根节点的权值，则在右子树中插入新节点。

例如，将权值为 55 的节点插入到图 7-2 所示的二叉搜索树中。权值 55 大于根节点的权值，所以应该在右子树中插入新节点。根节点的右孩子不为空，判断新节点和右孩子节点这两个节点的权值大小，新节点的权值小于 68，所以新节点要插入到权值为 68 的节点的左子树中。权值为 68 的节点的左孩子为空，即新节点成为权值 68 的节点的左孩子，插入新节点后的二叉搜索树如图 7-3 所示。

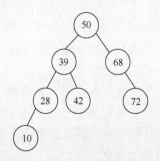

图 7-2　待插入节点的二叉搜索树

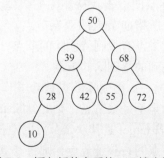

图 7-3　插入新节点后的二叉搜索树

二叉搜索树插入节点的代码实现如下。

```python
def insert(self,key):
```

```
'''
插入新节点
:param key: 待插入的元素
'''
node = Node(key)
# 如果二叉树为空
if self.root == None:
    self.root = node
# 如果二叉树不为空
else:
    # 创建一个指针指向根节点
    cur = self.root
    # 当 cur 指针不指向空时
    while cur != None:
        # 判断 key 与 cur.val 的大小
        if key > cur.val:
            # 在右子树中插入新节点
            if cur.right == None:
                cur.right = node
                break
            cur = cur.right
        else:
            # 在左子树中插入新节点
            if cur.left == None:
                cur.left = node
                break
            cur = cur.left
```

3. 删除节点

（1）如果根节点为空，则说明这是一棵空树，可以直接结束算法。

（2）如果根节点不为空，则创建两个指针，一个是 target，初始化指向根节点，从树根开始逐层向下查找待删除的数值为 key 的节点；另一个是 targetParent。targetParent 指向 target 所指向节点的双亲节点。

（3）如果没有找到待删除的节点，则算法结束；如果找到，则要分以下所述的 3 种情况讨论已找到的待删除的节点。

① 情况一：待删除节点是叶子节点。如果该节点是根节点，则直接将根节点赋值为空即可；如果不是根节点，则要判断 target 指向的节点是其双亲节点的左孩子节点还是右孩子节点，若 target 是其双亲节点的左孩子节点，则将其双亲节点的左指针指向空；若 target 是其双亲节点的右孩子节点，则将其双亲节点的右指针指向空。

② 情况二：待删除节点为单分支节点。如果该节点是根节点，且待删除节点的右孩子节点为空，则将根节点指针指向左孩子节点，如图 7-4 所示；如果待删除节点的左孩子节点为空，则将根节点的指针指向右孩子节点，如图 7-5 所示。

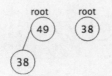
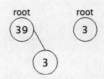

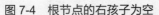

图 7-4　根节点的右孩子为空　　　图 7-5　根节点的左孩子为空

如果该节点不是根节点，则需要考虑以下 4 种情形。

- target 所指向的（待删除）节点是 targetParent 所指向的节点的左孩子节点，并且待删除节点的左孩子节点不为空，如图 7-6 所示。
- target 所指向的节点是 targetParent 所指向的节点的左孩子节点，并且待删除节点的右孩子节点不为空，如图 7-7 所示。

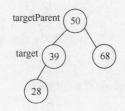
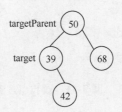

图 7-6　单分支节点情形 1　　　图 7-7　单分支节点情形 2

- target 所指向的节点是 targetParent 所指向的节点的右孩子节点，并且待删除节点的左孩子节点不为空，如图 7-8 所示。
- target 所指向的节点是 targetParent 所指向的节点的右孩子节点，并且待删除节点的右孩子节点不为空，如图 7-9 所示。

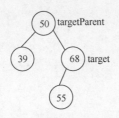
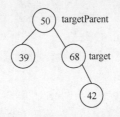

图 7-8　单分支节点情形 3　　　图 7-9　单分支节点情形 4

对于情形 1 和情形 2，只要将 targetParent 的左指针指向 target 不为空的节点即可；对于情形 3 和情形 4，只需要将 targetParent 的右指针指向 target 不为空的节点即可。

③ 情况三：待删除节点为双分支节点。创建两个指针，nodeDel 指针指向待删除节点，node 指针指向待删除节点的左孩子节点，沿着 node 指针指向的节点的右子树查找 target 指向节点的中序前驱节点。为什么偏偏是中序前驱节点呢？因为用 target 指向的节点的中序前驱节点来代替待删除的节点时不用改变其他节点的结构，对二叉搜索树的影响最小。找到待删除节点的中序前序节点后，要判断待删除节点是不是根节点。

- 如果是根节点，则将根节点的左孩子指针指向根节点左孩子节点的左孩子节点，如图 7-10 所示。

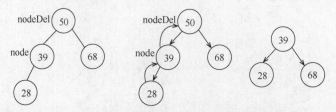

图 7-10　双节点分支情况且待删除节点为根节点

● 如果不是根节点，则将待删除节点的数值替换成待删除节点的中序前驱节点的数值，并将 nodeDel 的右指针指向中序前驱节点的左孩子指针，如图 7-11 所示。

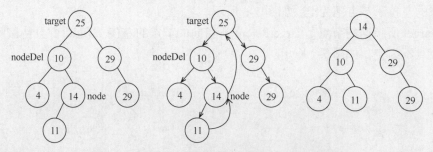

图 7-11　双节点分支情况且待删除节点不是根节点

二叉搜索树删除节点的代码实现如下。

```python
def delete(self,key):
    # 如果根节点为空，则算法结束
    if self.root == None:
        return
    # target 指向根节点
    target = self.root
    # targetParent 指向 target 的双亲节点
    targetParent = None
    # 从树根开始逐层向下查找待删除的数值为 key 的节点
    while target != None:
        # 若找到对应节点，则退出循环
        if key == target.val:
            break
        # 在左子树中继续查找
        elif key < target.val:
            targetParent = target
            target = target.left
        # 在右子树中继续查找
        else:
            targetParent = target
            target = target.right
    # 没有找到待删除的节点，算法结束
    if target == None:
```

```
            return

# 分 3 种情况讨论删除已查找到的 target 节点
# target 节点为叶子节点
if target.left == None and target.right == None:
    if target == self.root:
        self.root = None
    elif targetParent.left == target:
        targetParent.left = None
    else:
        targetParent.right = None


# 单分支节点
elif target.left == None or target.right == None:
    # 根节点
    if target == self.root:
        if target.left == None:
            self.root = target.right
        else:
            self.root = target.left
    # 非根节点
    elif targetParent.left == target and target.left == None:
        targetParent.left = target.right
    elif targetParent.left == target and target.right == None:
        targetParent.left = target.left
    elif targetParent.right == target and target.left == None:
        targetParent.right = target.right
    elif targetParent.right == target and target.right == None:
        targetParent.right = target.left


# 双分支节点
elif target.left != None and target.right != None:
    nodeDel = target
    node = target.left
    # 沿着左孩子的右子树查找其中序前驱节点
    while node.right != None:
        nodeDel = node
        node = node.right
    # 将中序前驱节点 node 的值赋给 target 所指向的节点
    target.val = node.val
    # 删除右子树为空的 node 节点，使它的左子树链接到它所在的链接位置
    # 对 target 所指向的节点的中序前驱节点是 target 的左孩子的情况进行处理
    if nodeDel == target:
        target.left = node.left
```

```
        # 对 target 的中序前驱节点为其左孩子的右子树的情况进行处理
        else:
                nodeDel.right = node.left
```

4. 获取数值最小的节点

步骤 1：如果根节点的左子树为空，根节点为二叉搜索树中最小的节点，则直接返回根节点的数值。

步骤 2：从根节点开始逐层向下访问当前节点的左孩子节点。

步骤 3：直至当前节点的左子树为空，即当前节点为二叉搜索树中最小的节点，返回当前节点的数值。

图 7-12 所示为一棵二叉搜索树，现在要找到该二叉搜索树中的最小节点。首先，该二叉搜索树是非空二叉树，要从树根开始逐层向下访问当前根节点的左孩子节点。其次，从根节点 V_1 出发，根节点 V_1 的左孩子节点 V_2 不为空，继续访问 V_2 的左孩子节点 V_4；节点 V_4 不为空，继续访问节点 V_4 的左孩子节点 V_7；节点 V_7 不为空，继续访问节点 V_7 的左孩子节点，发现 V_7 的左孩子节点为空，即节点 V_7 是二叉搜索树中数值最小的节点。

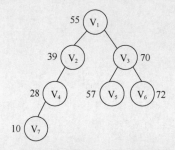

图 7-12　在二叉搜索树中寻找数值最小的节点

在二叉搜索树中查找数值最小的节点的代码实现如下。

```
def getMinNode(self,node):
    '''
    获取二叉树中数值最小的节点
    :param node: 根节点
    '''
    # 如果根节点的左子树为空，则由二叉搜索树的性质可知，根节点的右子树的数值都大于根节点，
    # 因此根节点的数值最小
    if node.left == None:
        return node.val
    # 如果根节点的左子树不为空，则数值最小的节点一定在根节点的左子树中
    # 用指针 cur 指向根节点的左孩子节点
    cur = node.left
    # 如果当前节点的左子树不为空，则 cur 指针不断更新，即不断指向当前节点的左子树
    while cur.left != None:
        cur = cur.left
    # 如果当前节点的左子树为空，则当前节点为二叉搜索树中数值最小的节点
```

```
return cur.val
```

5. 获取数值最大的节点

步骤1：如果根节点的右子树为空，则返回根节点的数值。

步骤2：从树根开始逐层向下访问当前节点的右孩子节点。

步骤3：直至当前节点的右子树为空，即当前节点为二叉搜索树中数值最大的节点。

图 7-13 所示为一棵二叉搜索树，现在要找到该二叉搜索树中数值最大的节点，需要从树根开始逐层向下访问当前根节点的右孩子节点。从 V_1 出发，其右孩子节点不为空，访问其右孩子节点 V_3；V_3 的右孩子节点为空，所以节点 V_3 为该二叉搜索树的最大节点，数值为 68。

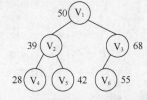

图 7-13 在二叉搜索树中获取数值最大的节点

在二叉搜索树中获取数值最大的节点的代码实现如下。

```
def getMaxNode(self,node):
    '''
    获取二叉树中数值最大的节点
    :param node: 根节点
    '''
    # 如果当前节点的右子树为空，则根节点数值最大
    if node.right == None:
        return node.val
    # 如果当前节点的右子树不为空，则创建cur指针指向根节点的右孩子节点
    cur = node.right
    # 若当前节点的右子树为空，则当前节点是二叉搜索树中数值最大的节点
    while cur.right != None:
        cur = cur.right
     return cur.val
```

6. 中序遍历

所谓的中序遍历，就是先访问左孩子节点，再访问根节点，最后访问右孩子节点。先判断二叉树是否为空，若不为空，则递归中序遍历左子树；打印二叉树根节点，再递归中序遍历访问右子树。

现在要对图 7-14 所示的二叉树进行中序遍历，访问顺序为 10→28→38→42→49→68→72→42。

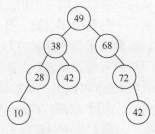

图 7-14 二叉树

115

代码实现如下。

```
def inorder_iterator(self,node):
    '''
    中序遍历
    :param node: 二叉树的根节点
    '''
    if node != None:
        self.inorder_iterator(node.left)
        print(node.val,end=" ")
        self.inorder_iterator(node.right)
```

7.2 堆

7.2.1 堆的定义

堆（Heap）是二叉树的一种，满足下列性质。

（1）堆是一棵完全二叉树。

（2）堆中某个节点的值总是不大于或不小于其父节点的值。

堆分为两种类型：小根堆和大根堆。小根堆满足如果根节点存在左孩子，则根节点的值小于等于左孩子的值；如果根节点存在右孩子，则根节点的值小于等于右孩子的值；根节点的左右子树也是小根堆，如图 7-15 所示。

既然有小根堆，对应的就有大根堆，如图 7-16 所示，由小根堆的定义稍微变化即可得到，小根堆的根节点是二叉树的最小值，大根堆与小根堆相反，大根堆的根节点是二叉树的最大值，即根节点的值大于等于左孩子节点，也大于等于右孩子节点。

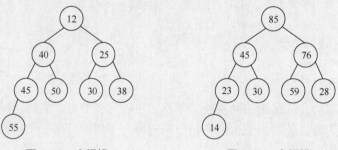

图 7-15　小根堆　　　　　图 7-16　大根堆

7.2.2 存储结构

V7-2　堆

堆是完全二叉树，所以可以考虑用二叉树的存储方式来表示堆。二叉树有两种存储方法：一种是顺序存储，另一种是链式存储，但是由于堆是完全二叉树，所以适合采用顺序存储的方式，这样既可以节省节点的指针空间，又便于访问孩子节点及双亲节点。

有 n 个节点的堆 Heap 可以由一个数组 arr[0,1,2,…,n – 1]用如下方式来表示：Heap 的根节点存储在 arr[0]中，假设 x 存储在 arr[i]中，如果它有左孩子，则左孩子存储在 arr[2i+1]中；如果它有右孩子，则右孩子存储在 arr[2i+2]中。

图 7-15 所示的小根堆的顺序存储结构如图 7-17 所示；图 7-16 所示的大根堆的顺序存储结构如图 7-18 所示。

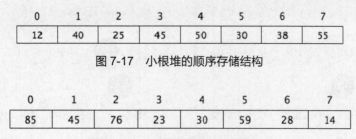

0	1	2	3	4	5	6	7
12	40	25	45	50	30	38	55

图 7-17 小根堆的顺序存储结构

0	1	2	3	4	5	6	7
85	45	76	23	30	59	28	14

图 7-18 大根堆的顺序存储结构

7.2.3 基本操作

1. 向上调整

所谓向上调整，就是将刚添加到堆中的新节点向上调整，直到调整到合适的位置满足堆的性质为止。

图 7-19 所示为一个小根堆，该小根堆是由数组 arr=[10,22,25,33,34,42,32]构成的。现在要向该小根堆中插入一个新元素 8。此时，需要创建 3 个变量，分别是 child、parent、temp，child 表示新加入节点的下标，parent 表示新加入节点的双亲节点的下标，temp 表示新加入节点的权值。当 child 不等于 0 的时候，如果 arr[parent]大于等于 temp，则将 arr[parent]的权值赋给 arr[child]，并将 parent 的值修改为 parent 父节点的下标值，将 child 的值修改为原本 parent 的值；如果 arr[parent]小于 temp，则退出循环，算法结束。插入新节点后的树形如图 7-20 所示。

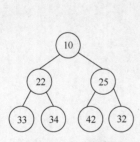

图 7-19 小根堆

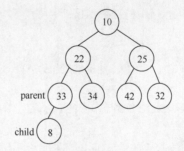

图 7-20 向小根堆中插入新节点后的树形

由图 7-20 可见，向堆的尾部加入一个新元素 8 后，不符合小根堆的特性了。因为对于小根堆来说，根节点的值要小于等于左右孩子节点的值。所以要对权值为 8 的节点进行调整。新元素 8 小于其双亲节点的权值，所以用一个变量 temp 来存储新节点的权值，将新节点的权值修改为其双亲节点的权值，并修改 child、parent 的数值。小根堆第一次向上调整后如图 7-21 所示。

第一次向上调整后，child 的数值不等于 0，继续向上调整，如图 7-22 所示。

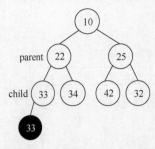

图 7-21　小根堆第一次向上调整

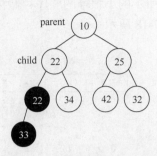

图 7-22　小根堆第二次向上调整

第二次调整后，child 的数值为 1，不等于 0，所以还要继续向上调整，如图 7-23 所示。

经过三次向上调整后，child 的数值为 0，所以不用继续调整了，将 temp 赋值给 arr[child] 即可，如图 7-24 所示。

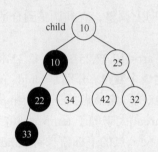

图 7-23　小根堆第三次向上调整

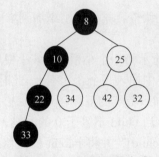

图 7-24　小根堆调整完成

堆的向上调整的代码实现如下。

```python
def filterUp(self,child):
    '''
    :Desc
        向上调整刚添加到堆尾部的节点，这里称为待调整节点
    :param
        child:待调整节点的下标值
    '''
    # 待调整节点的双亲节点的下标值
    parent = (child - 1) // 2
    # 待调整节点的权值
    temp = self.heap[child]
    # 当 child == 0 时，已经是根节点了
    while child != 0:
        # 如果下标值为 parent 的节点的权值大于等于下标值为 child 的节点的权值
        if self.heap[parent] >= temp:
            # 将父节点的权值赋值给孩子节点
            self.heap[child] = self.heap[parent]
```

```
        # 修改孩子节点和父亲节点的下标值
        child,parent = parent,(parent - 1) // 2
    # 如果下标值为 parent 的节点的权值小于下标值为 child 的节点的权值
    else:
        break
# 将待调整节点的权值赋给根节点
self.heap[child] = temp
```

2. 向下调整

向下调整一般是在堆删除节点后才需要进行的操作。

图 7-25 所示的小根堆是由数组 arr=[10,22,25,33,34,42,32]构造的。

现在要将小根堆的根节点删除，所谓删除，就是交换堆的根节点和最后一个节点的值，再删除堆的最后一个元素，如图 7-26 所示。

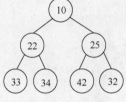
图 7-25　小根堆

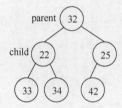
图 7-26　删除根节点后的小根堆

创建 3 个变量，分别是 parent、child、temp。其中，parent 表示根节点的下标值，child 表示根节点的较小孩子节点的下标值，temp 表示根节点的权值。

将根节点的权值 32 赋值给变量 temp，判断 temp 是否大于其较小孩子节点的权值。temp 大于根节点左孩子节点的值 22，将节点 22 的权值赋给根节点（arr[parent]）。修改 parent、child 的值，将 child 的值赋给 parent，并将 child 修改为节点 arr[child]较小孩子节点的下标，如图 7-27 所示。

继续判断 temp 是否大于节点 arr[child]的值 33，32 小于 33，所以将 temp 赋给节点 22，满足小根堆的性质，不用继续向下调整，算法结束，如图 7-28 所示。

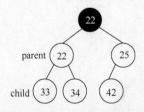
图 7-27　小根堆向下调整

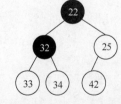
图 7-28　小根堆向下调整完成

堆的向下调整的代码实现如下。

```
def filterDown(self, parent):
    '''
    :Desc
```

```
            小根堆待调整节点的向下调整
    :param
        parent: 待调整节点的下标值
    '''
    # 待调整节点的孩子节点的下标值
    child = 2 * parent + 1
    end = len(self.heap)-1
    # 待调整节点的权值
    temp = self.heap[parent]
    # 当待调整的节点的孩子节点没有向下调整到堆的尾部时
    while child <= end:
        # 当前 child 为待调整节点的左孩子，判断左孩子和右孩子哪个权值更大，选择权值较大的
        if child < end and self.heap[child]>self.heap[child+1]:
            child += 1
        # 如果待调整节点的权值小于其孩子节点的权值，则不用调整
        if temp < self.heap[child]:
            break
        # 如果待调整节点的权值大于等于其孩子节点的权值
        else:
            # 将较大孩子节点的权值赋给根节点
            self.heap[parent] = self.heap[child]
            # 继续向下调整
            parent, child= child, 2 * child + 1
    self.heap[parent] = temp
```

3. 添加节点

在堆中添加节点，最重要的就是每次添加后需要进行向上调整操作，向上调整的算法已经介绍过了，所以在这里只给出了添加新节点的代码，具体如下。

```
def insert(self, key):
    '''
    :Desc
        向小根堆中插入新节点
    :param
        key: 待插入的节点
    '''
    # 在数组尾部添加元素
    self.heap.append(key)
    # 获取堆的尾节点的下标值
    size = len(self.heap)-1
    # 对刚插入的节点进行向上调整操作，使堆顶为最小值
    self.filterUp(size)
```

4. 删除节点

将堆的最后一个元素赋给根节点,再将堆的最后一个元素删除,由于现在根节点的权值变了,所以要对根节点进行向下调整操作,向下调整的算法在之前已经讲解了,这里不再赘述。删除堆的根节点的代码实现如下。

```python
def delete(self):
    '''
    :Desc
        删除小根堆的最小值,即删除小根堆的根节点
    '''
    # 如果堆为空
    if len(self.heap) == 0:
        raise IndexError('empty heap')
    # index 为根节点的下标
    index = 0
    # 堆的长度
    size = len(self.heap)
    # 将堆的最后一个元素的权值赋给堆的根节点
    self.heap[index] = self.heap[size-1]
    # 删除堆的最后一个元素
    self.heap.pop()
    # 如果堆的长度大于 1
    if len(self.heap) > 1:
        # 对当前根节点进行向下调整操作
        self.filterDown(index)
```

7.3 哈夫曼树

哈夫曼(Huffman)树又称最优二叉树,是一类带权路径长度最短的树。

V7-3 哈夫
曼树

7.3.1 基本术语

1. 路径

路径是指在树中由一个节点到另一个节点所经过的节点序列。

2. 路径长度

在二叉树中,节点到根节点路径的边数称为路径长度,例如,图 7-29 所示的二叉树中节点 5 的路径长度为 2。另外,从根节点到所有节点的路径长度之和称为该二叉树的路径长度。

3. 带权路径长度

带权路径长度指的是节点到根节点的路径长度与节点权值的乘积。例如,图 7-29 所示的二叉树中节点 5 的带权路径长度为 5×2=10。

4. 树的带权路径长度

树的带权路径长度指的是树中所有叶子节点的带权路径长度之和。例如，图 7-29 所示二叉树的带权路径长度 WPL=5×2+1×3+4×3+7×2+9×2=57。

5. 哈夫曼树

哈夫曼树指的是带权路径长度最小的二叉树。

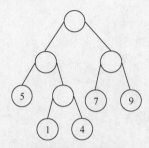

图 7-29   二叉树

7.3.2   构造哈夫曼树

1. 算法思想

步骤 1：给定的 n 个节点构成 n 棵二叉树，n 棵二叉树构成一个森林 F。森林 $F=\{T_0, T_1, \cdots, T_n\}$，森林中每一棵树的起始状态都只有一个节点，其左右子树为空，并且规定每棵树的根节点的权值集合为 $\{W_1, W_2, \cdots, W_n\}$。

步骤 2：在森林 F 中选中两棵根节点权值最小的树，作为一棵新的二叉树的左右子树，并且新二叉树的根节点的权值为左右子树根节点的权值之和。

步骤 3：在 F 中将选中的两棵二叉树删除，并将新构成的二叉树加入森林。

步骤 4：重复步骤 2、步骤 3，直至森林中只有一棵二叉树为止，此时得到的二叉树就是哈夫曼树，即最优二叉树，算法结束。

2. 算法示例

这里通过案例帮助读者加深对哈夫曼树的理解。图 7-30 所示为一个森林 F，F 中有 5 棵单节点的二叉树，现在要将森林 F 中的二叉树构成一棵哈夫曼树。

图 7-30   二叉树森林 F

首先，从 F 中选中根节点权值最小的两棵树，以两个节点权值之和为权值的节点作为根节点构成二叉树。其次，从 F 中删除这两棵权值最小的二叉树，将由这两棵树构成新的二叉树加入森林 F，如图 7-31 所示。

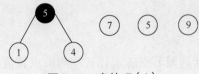

图 7-31   森林 F（1）

现在森林中有 4 棵二叉树，有两棵根节点权值为 5 的二叉树，且这两棵树的根节点权值是最小的。选中根节点权值为 5 的两棵子树，构成新的二叉树，根节点权值为 10。删除已选的两棵二叉树，将新构造的二叉树加入森林 F，如图 7-32 所示。

再在森林 F 中选中两棵根节点权值最小的二叉树，构成新的二叉树，根节点权值为 16。从森林中删除已选择的两棵二叉树，将新构造的二叉树加入森林 F，如图 7-33 所示。

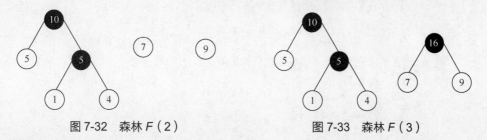

图 7-32 森林 F（2）   图 7-33 森林 F（3）

继续选中权值最小的两个二叉树，构造新的二叉树，将已选择的二叉树删除，将新的二叉树加入森林 F，如图 7-34 所示。

至此，森林 F 中只剩一棵二叉树，该二叉树即为哈夫曼树。计算该哈夫曼树的带权路径长度为 WPL=5×2+1×3+4×3+7×2+9×2=57。

哈夫曼树完成后，规定指向左孩子的边编码为 0，指向右孩子的边编码为 1。叶子节点代表单词（字母）的编码为根节点到叶子节点走过的边的 01 序列。那么各个单词（字母）对应的编码为：A 010，B 10，C 011，D 00，E 11，如图 7-35 所示。

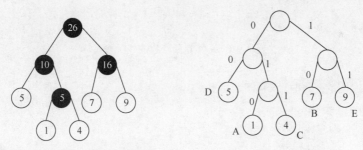

图 7-34 构造完成的哈夫曼树   图 7-35 哈夫曼编码

哈夫曼编码是一种无前缀编码——任何一个单词的编码不会是其他单词编码的前缀（因为单词节点都是叶子节点），所以解码时不会混淆。同时，带权路径长度最小，哈夫曼编码使得编码后总长度最短，主要应用在数据压缩，加密解密等场合。

7.3.3 哈夫曼树的实现

1. 题目描述

现有森林 F=[1,4,7,5,9]，起始时，森林中每棵二叉树有且只有一个根节点，现在要求将森林 F 中的二叉树合并成最优二叉树并计算带权路径长度。

2. 题目解析

对于最优二叉树的带权路径长度的求解算法前文已经分析过，这里不再赘述。

3. 代码实现

（1）节点 Node 类的代码实现如下。

```python
class Node(object):
    def __init__(self, weight):
        # 节点的权值
        self.weight = weight
        self.left = None
        self.right = None
        # 是否新构造的根节点，新构造的根节点在 WPL 中不参与计算
        self.isNew = False

    def __gt__(self, other):
        '''用于对节点之间的排序'''
        return self.weight > other.weight
```

（2）哈夫曼树 huffmanTree 类的代码实现如下。

```python
class huffmanTree(object):
    def __init__(self, nodeList):
        self.WPL = 0
        self.root = self.createHuffmanTree(nodeList)

    def createHuffmanTree(self, nodeList):
        '''
        创建哈夫曼树
        :param nodeList: 森林中的单个节点构成的二叉树
        '''
        # 如果当前森林中二叉树棵数大于 1
        while len(nodeList) > 1:
            # 对森林中的二叉树进行排序
            nodeList.sort()
            # 获取根节点最小的二叉树
            left = nodeList.__getitem__(0)
            # 获取根节点次小的二叉树
            right = nodeList.__getitem__(1)
            # 构造新节点
            newNode = Node(left.weight+right.weight)
            newNode.isNew = True
            # 将新节点的左孩子指针指向 left 节点
            newNode.left = left
            # 将新节点的右孩子指针指向 right 节点
            newNode.right = right
            # 从森林中删除已选择的二叉树
            nodeList.pop(0)
```

```
                nodeList.pop(0)
                # 将新构造的二叉树加入森林
                nodeList.append(newNode)
        return nodeList.__getitem__(0)

    def calculate_WPL(self, node, level):
        '''
        计算哈夫曼树的 WPL
        :param node:根节点
        :param level:层数
        :return:
        '''
        if node != None:
            if not node.isNew:
                self.WPL += node.weight * level
            self.calculate_WPL(node.left, level+1)
            self.calculate_WPL(node.right, level+1)
```

（3）调试 huffmanTree，代码实现如下。

```
if __name__=='__main__':
    nodeList = []
    nodeList.append(Node(1))
    nodeList.append(Node(7))
    nodeList.append(Node(4))
    nodeList.append(Node(5))
    nodeList.append(Node(9))
    hTree = huffmanTree(nodeList)
    hTree.calculate_WPL(hTree.root, 0)
    print("哈夫曼树的 WPL 为: ", hTree.WPL)
```

结果显示如下。

哈夫曼树的 WPL 为：57

7.4　平衡二叉树

　　二叉搜索树可以用来查找元素，算法性能取决于树的形状，在最好的情况下，时间复杂度为 $O(\log n)$；在最坏的情况下，时间复杂度为 $O(n)$。在最坏情况下，二叉树的查找、插入、删除的效率都很低，为了解决这个问题，引入了平衡二叉树。

　　平衡二叉树又称 AVL 树，是二叉搜索树，满足任何一个节点的左子树和右子树高度差的绝对值不超过 1。

V7-4　平衡二叉树

7.4.1　存储结构

　　平衡二叉树的存储结构和二叉树的存储结构基本相同，唯一的区别是平衡二叉树的节点除了左指针域、值域、右指针域外，还添加了高度域。空树的高度域为 0，叶子节点的高度域为 1。平衡二叉树的存储结构如图 7-36 所示。

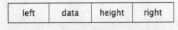

| left | data | height | right |

图 7-36　平衡二叉树的存储结构

指针域 left：存储指向左孩子的指针。

指针域 right：存储指向右孩子的指针。

高度域 height：存储当前节点在树中的高度。

值域 data：存储节点的数值。

7.4.2　基本操作

向平衡二叉树插入节点可能造成不平衡，此时要调整树的结构，使之重新达到平衡。从插入位置沿通向根的路径检查各节点是否平衡。若发现不平衡节点，则从该节点起沿刚才回溯路径直接取下两层节点。若三个节点在一条直线上（LL 型和 RR 型），则采用单旋转进行平衡化，此时处于中间位置的节点为旋转中心；若三个节点不在一条直线上（LR 型和 RL 型），则采用双旋转进行平衡化，此时处于下方位置的节点为旋转中心。

1.　旋转

（1）LL 型不平衡树

什么是 LL 型？插入节点 C 以后，节点 C 到根节点路径上第一个不平衡的节点为 T_1（其左子树的高度为 3，右子树高度为 1），沿路径回溯下两层节点为节点 T_2 和节点 B。三个节点在一条直线上，节点 T_2 为节点 T_1 的左孩子，节点 B 为节点 T_2 的左孩子，称为 LL 型不平衡。LL 型不平衡树如图 7-37 所示。

针对 LL 型不平衡，要对其进行右单旋转调整，使其变成平衡二叉树。

步骤 1：将 T_1 的左指针指向 T_2 的右子树 T_3。

步骤 2：将 T_2 的右指针指向 T_1。

步骤 3：T_1 的父亲节点指向 T_2。

图 7-38 所示为对以 T_1 为根节点的二叉树进行旋转调整后得到的平衡二叉树。调整后，该二叉树的根节点由原本的 T_1 变为了 T_2，代码实现如下。

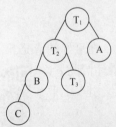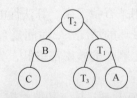

图 7-37　LL 型不平衡树　　　图 7-38　LL 型不平衡树经过右单旋转后变成平衡二叉树

```
def __LL(self, node,parent,LorR):
    nodeL = node.left
    node.left = nodeL.right
    nodeL.right = node
    node.height = max(node.left.height, node.right.height)+1
```

```
nodeL.height = max(nodeL.left.height, node.right.height)+1
if LorR=='L':
    parent.left=nodeL
else: parent.right=nodeL
return nodeL
```

（2）RR 型不平衡树

什么是 RR 型？插入节点 C 以后，节点 C 到根节点路径上第一个不平衡的节点为 T_1（其左子树的高度为 1，右子树高度为 3），沿路径回溯下两层节点为节点 T_2 和节点 B。三个节点在一条直线上，节点 T_2 为节点 T_1 的右孩子，节点 B 为节点 T_2 的右孩子，称为 RR 型不平衡，如图 7-39 所示。

针对 RR 型不平衡，需要对其进行左单旋转调整，使其变成平衡二叉树。

步骤 1：将 T_1 的右指针指向 T_2 的左子树 T_3。

步骤 2：将 T_2 的左指针指向 T_1。

步骤 3：T_1 的父亲节点指向 T_2。

图 7-40 所示为对以 T_1 为根节点的二叉树进行旋转调整后得到的平衡二叉树。调整后，该二叉树的根节点由原本的 T_1 变为了 T_2，代码实现如下。

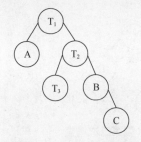 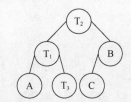

图 7-39　RR 型不平衡树　　　　图 7-40　RR 型不平衡树经过旋转后变成平衡二叉树

```
def __RR(self, node, parent, LorR):
    nodeR = node.right
    node.right = nodeR.left
    nodeR.left = node
    node.height = max(self.__height(node.left), self.__height(node.right))+1
    nodeR.height = max(self.__height(nodeR.left), self.__height(nodeR.right))+1
    if LorR=='L':
        parent.left=nodeR
    esle: parent.right=nodeR
    return nodeR
```

（3）LR 型不平衡树

什么是 LR 型？插入节点 C 以后，节点 C 到根节点路径上第一个不平衡的节点为 T_1（其左子树的高度为 3，右子树高度为 1），沿路径回溯下两层节点为节点 T_2 和节点 T_3。三个节点不在一条直线上，节点 T_2 为节点 T_1 的左孩子，节点 T_3 为节点 T_2 的右孩子，为 LR 型不平衡，如图 7-41 所示。

针对 LR 型不平衡，需要进行先左后右双旋转变成平衡二叉树。

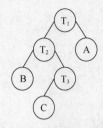

图 7-41　LR 型不平衡树

步骤 1：对 T_1 的左子树 T_2 进行调整，按 RR 型进行调整。

步骤 2：对二叉树 T_1 进行调整，按 LL 型进行调整。

第一次调整，先将 T_2 的右指针指向 T_3 的左子树，再将 T_3 的左指针指向以 T_2 为根节点的二叉树，调整以 T_2、T_3 为根节点所在二叉树的高度，如图 7-42 所示，此时该二叉树满足 LL 型。

第二次调整，先将 T_1 的左孩子指针指向 T_3 的右子树，再将 T_3 的右孩子指针指向以 T_1 为根节点的二叉树，调整以 T_1、T_3 为根节点的二叉树的高度，此时该二叉树已经是平衡二叉树了，如图 7-43 所示。

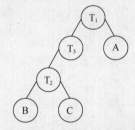
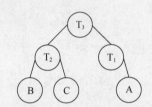

图 7-42　LR 型第一次调整　　　　图 7-43　LR 型第二次调整

旋转 LR 型不平衡树的代码实现如下。

```
def __LR(self, node, parent, LorR):
    node.left = self.__RR(node.left,node,'L')
    return self.__LL(node, parent, LorR)
```

（4）RL 型不平衡树

什么是 RL 型？插入节点 C 以后，节点 C 到根节点路径上第一个不平衡的节点为 T_1（其左子树的高度为 1，右子树高度为 3），沿路径回溯下两层节点为节点 T_2 和节点 T_3。三个节点不在一条直线上，节点 T_2 为节点 T_1 的右孩子，节点 T_3 为节点 T_2 的左孩子，称为 RL 型不平衡，如图 7-44 所示。

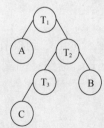

图 7-44　RL 型不平衡树

针对 RL 型不平衡，需要进行先右后左双旋转变成平衡二叉树。

步骤 1：对 T_1 的右子树 T_2 进行调整，按 LL 型进行调整。

步骤 2：对 T_1 进行调整，按 RR 型进行调整。

第一次调整，对根节点为 T_2 的二叉树进行旋转，将 T_2 的左指针指向 T_3 的右子树，将 T_3 的右指针指向 T_2，调整以 T_2、T_3 为根节点的二叉树的高度，如图 7-45 所示，现在该二叉树满足 RR 型。

第二次调整，对根节点为 T_1 的二叉树进行旋转，将 T_1 的右指针指向 T_3 的左子树，将 T_3 的左指针指向 T_1，调整以 T_1、T_3 为根节点所在二叉树的高度，现在该二叉树属于平衡二叉树，如图 7-46 所示。

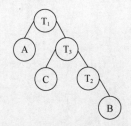　　　　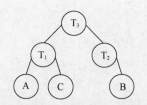

图 7-45　RL 型第一次调整　　　　图 7-46　RL 型第二次调整

旋转 RL 型不平衡树的代码实现如下。

```
def __RL(self, node, parent, LorR):
    node.right = self.__LL(node.right, node, 'R')
    return self.__RR(node, parent, LorR)
```

2. 查找最小节点

步骤 1：若该二叉树为空，则返回 None。

步骤 2：若该二叉树不为空，根节点的左子树为空，则返回根节点。

步骤 3：若该二叉树不为空，根节点的左子树也不为空，则递归左子树。

查找最小节点的代码实现如下。

```
def __findMin(self, node):
    if not node:
        return None
    elif not node.left:
        return node
    return self.__findMin(node.left)
```

3. 插入节点

步骤 1：如果平衡二叉树的根节点为空，则将其根节点的指针指向新插入的节点。

步骤 2：如果平衡二叉树的根节点不为空，则比较新节点和根节点的数值。

步骤 3：如果新节点的值小于根节点的值，则新节点插入到根节点的左子树中，递归执行本算法。

步骤 4：如果新节点的值大于根节点的值，则新节点插入到根节点的右子树中，递归执行本算法。

步骤 5：从插入位置沿通向根的路径检查各节点是否平衡。若发现不平衡节点，则从该节点起沿刚才回溯路径直接取下两层节点。若三个节点在一条直线上（LL 型和 RR 型），则采用单旋转进行平衡化；若三节点不在一条直线上（LR 型和 RL 型），则采用双旋转进行平衡化。

插入节点的代码实现如下。

```python
def __insert(self, data, node, parent, LorR):
    if node is None:
        node = Node(data)

    cmp = data - node.data

    if cmp < 0:
        node.left = self.__insert(data, node.left, node, 'L')

        if self.__height(node.left) - self.__height(node.right) == 2
            if data - node.left.data < 0:
                node = self.__LL(node, parent, LorR)
            else:
                node = self.__LR(node, parent, LorR)
    elif cmp > 0:
        node.right = self.__insert(data, node.right, node, 'R')

        if self.__height(node.right) - self.__height(node.left) == 2:
            if data - node.right.data < 0:
                node = self.__RL(node, parent, LorR)
            else:
                node = self.__RR(node, parent, LorR)

    node.height = max(self.__height(node.left), self.__height(node.right))+1
    return node
```

4．删除节点

步骤 1：如果根节点为空，则返回 None。

步骤 2：如果根节点不为空，则判断根节点的值域和待删除的节点的值域。

步骤 3：若根节点的值小于待删除的节点的值，则继续在根节点的左子树中递归寻找；若根节点的值大于待删除的节点的值，则继续在根节点的右子树中递归寻找。

步骤 4：若当前子树根节点的值与待删除的节点的值相同，则判断当前子树根节点的左右子树是否为空。

步骤 5：若当前子树根节点的左右子树都不为空，则查找根节点的右子树的最小节点，将该最小节点赋为根节点，并删除该最小节点。

步骤 6：如果当前子树根节点的左右子树任一不为空，若是左子树不为空，右子树为空，则将当前子树根节点的指针指向左子树的根节点；若是左子树为空，右子树不为空，则将当前子树根节点的指针指向右子树的根节点。

删除节点的代码实现如下。

```
def __remove(self, data, node, parent, LorR):
    if not node:
        return None
    cmp = data - node.data

    if cmp < 0: #从左子树中删除节点
        node.left = self.__remove(data, node.left, node, 'L')
        if self.__height(node.right) - self.__height(node.left) == 2:
            currentNode = node.right
            if self.__height(currentNode.left) > self.__height(currentNode.right):
                node = self.__RL(node, parent, LorR)
            else:-
                node = self.__RR(node, parent, LorR)
    elif cmp > 0:
        node.right = self.__remove(data, node.right,node,'R')
        if self.__height(node.left) - self.__height(node.right) == 2:
            currentNode = node.left
            if self.__height(currentNode.left) > self.__height(currentNode.right):
                node = self.__LL(node, parent, LorR)
            else:
                node = self.__LR(node, parent, LorR)
    elif node.right and node.left:
        node.data = self.__findMin(node.right).data
        node.right = self.__remove(node.data, node.right)
    else:
        if node.left:
            node = node.left
        else:
            node = node.right

    if node:
        node.height = max(self.__height(node.left), self.__height(node.right))+1

    return node
```

7.5　小结

在二叉搜索树中，每个节点的关键字都大于其左子树中所有节点的关键字，同时小于其右子树中所有节点的关键字。对二叉搜索树使用中序遍历得到的节点序列是一个按关键字升序的序列。

二叉树的查找就是一个二分查找的过程，首先访问根节点，若其值等于关键字 key，则查找成功；否则，当关键字小于根节点的值时继续在左子树中查找，当关键字大于根节点的值时继续在右子树中查找，直至查找成功或者碰到空树为止。对于一般的二叉搜索树

数据结构（Python 语言描述）（微课版）

来说，其查找的时间复杂度为 $O(\log n)$，对于特殊情况的二叉树，如对于斜二叉树而言，其查找的时间复杂度为 $O(n)$，相当于普通的线性查找。

堆是一种满足一定条件的完全二叉树，对于小根堆，其根节点的权值小于等于孩子节点的值；对于大根堆，其根节点的权值大于等于孩子节点的值。

堆的插入运算是把新元素插入堆尾，插入新元素后，要进行向上调整操作，使新的二叉树满足堆的性质。堆的删除运算是删除堆顶元素并把堆尾元素移至堆顶，并且要进行向下调整操作，使新的二叉树满足堆的性质。

哈夫曼树是一棵具有 n 个带权叶子节点的二叉树，并且是带权路径长度最小的二叉树。

平衡二叉树又称 AVL 树，是二叉搜索树，满足任何一个节点的左子树和右子树高度差的绝对值不超过 1。平衡二叉树插入节点或者删除节点可能会导致不平衡，需要进行旋转操作以重新实现平衡。

7.6 习题

1. 在含有 n 个节点的二叉搜索树中查找某个关键字的节点时，最多进行（　　）次比较。

A. $n/2$　　　　　B. $\log_2 n$　　　　　C. $(\log_2 n)+1$　　　　　D. n

2. 从空树开始，依次插入元素 52、26、14、32、71、60、93、58、24 和 41，构成一棵二叉搜索树，在该树中查找元素 60 要进行比较的次数为（　　）。

A. 3　　　　　B. 4　　　　　C. 5　　　　　D. 6

3. 利用 3、6、8、12、5、7 这 6 个值作为叶子节点的权，构成一棵哈夫曼树，该树的深度为（　　）。

A. 3　　　　　B. 4　　　　　C. 5　　　　　D. 6

4. 具有 5 层节点的 AVL 树至少有（　　）个节点。

A. 10　　　　　B. 12　　　　　C. 15　　　　　D. 17

5. 假定 4 个带权叶子节点的权值依次为 2、4、6、9，按此生成一棵哈夫曼树，此树的带权路径长度 WPL 为（　　）。

A. 39　　　　　B. 42　　　　　C. 21　　　　　D. 30

6. 对平衡二叉树进行插入或删除一个元素的操作时，可能引起不平衡，需要对其进行调整操作，以恢复平衡，调整操作被分为（　　）种不同的情况。

A. 2　　　　　B. 3　　　　　C. 4　　　　　D. 5

7. 已知关键字序列 5、8、12、19、28、20、15、22 组成小根堆（最小堆），插入关键字 3，调整后得到的小根堆是（　　）。

A. 3，5，12，8，28，20，15，22，19　　B. 3，5，12，19，20，15，22，8，28
C. 3，8，12，5，20，15，22，28，19　　D. 3，12，5，8，28，20，15，22，19

8. 已知序列 25、13、10、12、9 组成大根堆，在序列尾部插入新元素 18，将其调整为大根堆，调整过程中元素之间进行的比较次数是（　　）。

A. 1　　　　　B. 2　　　　　C. 4　　　　　D. 5

9. 堆排序的时间复杂度和堆排序中建堆过程的时间复杂度分别是（   ）。
   A. $O(n^2)$，$O(n×\log n)$ B. $O(n)$，$O(n×\log n)$
   C. $O(n×\log n)$，$O(n)$ D. $O(n×\log n)$，$O(n×\log n)$

10. 若在二叉搜索树上查找关键字为 35 的节点，则所比较关键字的序列有可能是（   ）。
   A. {46,36,18,28,35}   B. {18,36,28,46,35}
   C. {46,28,18,36,35}   D. {28,36,18,46,35}

第 8 章 图

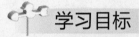

学习目标

- 理解图的概念和基本术语。
- 掌握图的存储方式。

V8-1 图

- 灵活掌握深度优先遍历和广度优先遍历。
- 掌握图的基本应用，包括最小生成树、最短路径、拓扑排序和关键路径。

图是一种数据元素之间具有多对多关系的非线性数据结构，图中的每个元素可以有多个前驱和多个后继元素。

8.1 图的基本概念

前面学习了一对一关系的线性表、一对多关系的树，且树还有层次结构。现在学习另外一种更为复杂的数据结构——图。

8.1.1 定义

图由顶点的有穷非空集合和顶点之间边的集合组成，通常表示为 $G=(V,E)$。其中，G 表示一个图，V 是图 G 中顶点的集合，E 是图 G 中顶点之间边的集合。

8.1.2 基本术语

1. 无向边

若两个顶点之间的边没有方向，则称这条边为无向边。如图 8-1 所示，顶点 A 与顶点 C 之间的边即为无向边，表示为(A,C)。

2. 无向图

如果图的任意两个顶点之间的边都是无向边，则称该图为无向图。图 8-1 所示即为无向图。

3. 有向边

若两个顶点之间的边有方向，则称这条边为有向边，也称为弧。如图 8-2 所示，顶点 E 到顶点 F 之间的边即为有向边，表示为<E,F>，不能表示为<F,E>，E 称为弧头，F 称为弧尾。

4．有向图

如果图的任意两个顶点之间的边都是有向边，则称该图为有向图。图 8-2 所示即为有向图。

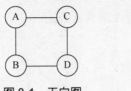

图 8-1　无向图　　　图 8-2　有向图

5．无向完全图

在无向图中，如果任意两个顶点之间都存在边，则称该图为无向完全图，如图 8-3 所示。

6．有向完全图

在有向图中，如果任意两个顶点之间都存在方向相反的两条弧，则称该图为有向完全图。图 8-4 所示为非有向完全图，图 8-5 所示为有向完全图。

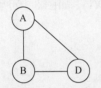

图 8-3　无向完全图　　　图 8-4　非有向完全图　　　图 8-5　有向完全图

7．稀疏图

边数很少的图称为稀疏图。

8．稠密图

边数很多的图称为稠密图。

9．简单图

若不存在顶点到其自身的边，且同一条边不重复出现，则称为简单图。如图 8-6 所示，只有最后一个图形为简单图。

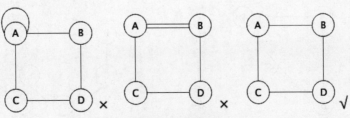

图 8-6　简单图

10. 邻接、依附

无向图中，对于任意两个顶点 v_i 和 v_j，若存在边(v_i,v_j)，则称顶点 v_i 和顶点 v_j 互为邻接点；同时称边(v_i,v_j)依附于顶点 v_i 和顶点 v_j。

有向图中，对于任意两个顶点 v_i 和 v_j，若存在弧$<v_i,v_j>$，则称顶点 v_i 邻接到顶点 v_j，顶点 v_j 邻接自顶点 v_i；同时称弧$<v_i,v_j>$依附于顶点 v_i 和顶点 v_j。

例如，在图 8-7 所示的无向图中，顶点 A 的邻接点有 B、C；在图 8-8 所示的有向图中，顶点 F 的邻接点只有 E。

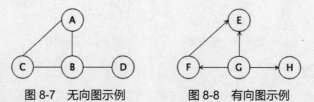

图 8-7　无向图示例　　　　图 8-8　有向图示例

11. 顶点的度、入度、出度

有向图中顶点 v 的度分为出度和入度，出度是该顶点的出边的数目，记为 $OD(v)$；入度是该顶点的入边的数目，记为 $ID(v)$。有向图中顶点 v 的度等于其出度与入度之和。如图 8-9 所示，顶点 B 的出度为 1，入度为 2，因此顶点 B 的度为 3。

无向图中顶点的度为以该顶点为一个端点的边的数目，记为 $D(v)$。如图 8-10 所示，顶点 A 的度为 3。

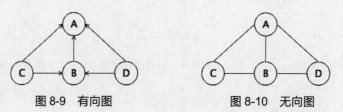

图 8-9　有向图　　　　　　图 8-10　无向图

12. 权和网

权是指对边赋予的有意义的数值量，带权的图称为网。图 8-11 所示为一张带权的网，权就是各顶点之间的数值。

13. 路径

在图中，路径是由边顺序连接的一系列顶点组成的序列。如图 8-12 所示，顶点 A 到顶点 E 只有一条路径，为（A,B,C,D,E），长度为 5。

图 8-11　带权的网　　　　图 8-12　路径（A,B,C,D,E）的长度为 5

14. 简单路径

图中的路径没有重复顶点的称为简单路径。如图 8-12 所示，顶点 A 到顶点 E 的路径称为简单路径。

15. 环

路径中第一个顶点和最后一个顶点相同，则称之为环。如图 8-13 所示，从顶点 A 出发，绕完一圈，又回到顶点 A，列出其中两条路径 P_1=(A,B,C,D,E,A) 和 P_2=(A,B,C,D,E,C,D,E,A)，在这两条路径中，第一个顶点和最后一个顶点是相同的。

在路径 P_1 中，除了第一个顶点和最后一个顶点相同之外，再没有其他顶点相同，这样的环被称为简单环。

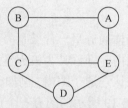

图 8-13 存在环的图

16. 路径长度

在带权图中，路径长度指的是路径上各边的权之和。在非带权图中，路径长度指的是路径上边的数目。

17. 子图

若图 G=(V,E)，G'=(V',E')，如果 $V' \subset V$ 并且 $E' \subset E$，则称图 G' 是 G 的子图。例如图 8-14 所示的三个图均为图 8-15 所示图的子图。其中，如果 V'=V 并且 $E' \subset E$，则称图 G' 是 G 的生成子图。

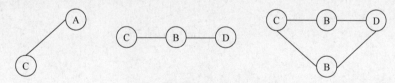

图 8-14 无向图 G_1 的三个子图

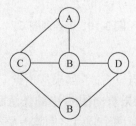

图 8-15 无向图 G_1

18. 连通图

在无向图中，对任意一对顶点 v_i 和顶点 v_j，如果从顶点 v_i 到顶点 v_j 有路径，则称顶点

v_i 和顶点 v_j 是连通的。如果图中任意两个顶点都是连通的，则称该图是连通图。如图 8-16 所示，任意两个顶点之间都是有路径的，是连通的；如图 8-17 所示，顶点 D 到顶点 A、B、C 都没有路径，是非连通图。

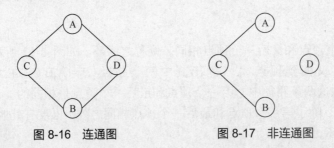

图 8-16　连通图　　　　　图 8-17　非连通图

19. 连通分量

非连通图的极大连通子图称为连通分量。什么是极大连通子图呢？在无向图中，某一个连通子图不包含在其他连通子图内，即称其为极大连通子图。也就是说，与该连通子图内某顶点连通的所有顶点必包含在该连通子图内。例如，图 8-18 所示的三个图均为图 8-19 所示图 G_2 的极大连通子图，即图 8-19 所示的图有三个连通分量。

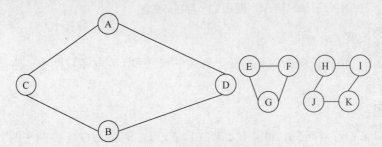

图 8-18　非连通图 G_2 的三个极大连通子图

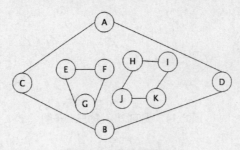

图 8-19　非连通图 G_2

20. 强连通图和弱连通图

在有向图 G 中，对于两个顶点 v_i、v_j，如果从顶点 v_i 到顶点 v_j 和从顶点 v_j 到顶点 v_i 均有路径，则称两个顶点强连通。如果有向图 G 中的任意两个顶点都强连通，则称该有向图是强连通图。如图 8-20 所示，任意两个顶点之间均有路径，所以是强连通图。

若不考虑图中弧的方向，任意两个顶点之间有一条路，则称该有向图为弱连通图。如图 8-21 所示，任意两个顶点之间均有一条路，但是顶点 C 到不了顶点 D，所以该图为弱连通图。

极大强连通子图是一个图的强连通子图，并且加入任何一个不在它的点集中的点都会导致它不再强连通。

强连通图的极大强连通子图为自己本身，但是不存在极小强连通子图。

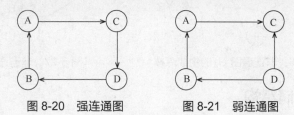

图 8-20　强连通图　　　　图 8-21　弱连通图

21. 强连通分量

有向图的极大强连通子图称为强连通分量。例如，图 8-22 所示的两个图是图 8-23 所示图 G_3 的两个强连通分量。

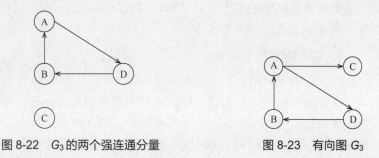

图 8-22　G_3 的两个强连通分量　　　　图 8-23　有向图 G_3

22. 生成树

n 个顶点的连通图 G 的生成树是包含 G 中全部顶点的一个极小连通子图，它含有 n 个顶点和足以构成一棵树的 $n-1$ 条边。

什么是极小连通子图？极小连通子图就是既要保证图的流畅，又要使边数最少。图 8-24 所示为一个连通图 G_4，图 8-25 所示为图 8-24 所示图的生成树。

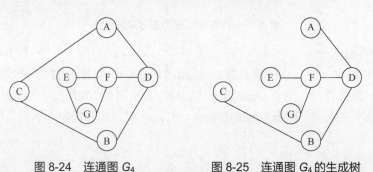

图 8-24　连通图 G_4　　　　图 8-25　连通图 G_4 的生成树

23. 生成森林

在非连通图中，由每个连通分量都可以得到一棵生成树，这些连通分量的生成树构成的集合为该非连通图的生成森林。例如，图 8-26 所示即为图 8-27 所示图 G_5 的生成森林。

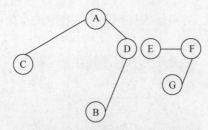 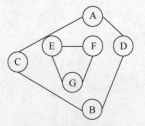

图 8-26 非连通图 G_5 的生成森林   图 8-27 非连通图 G_5

8.2 图的存储结构

图的存储结构有邻接矩阵、邻接表、十字链表、邻接多重表和边表。本章主要讲解邻接矩阵、邻接表和十字链表。

8.2.1 邻接矩阵

邻接矩阵用二维数组来存储图的顶点信息，假设图的顶点有 n 个，则可以用大小为 $n \times n$ 的二维数组来存储每两个顶点之间的边的信息。

V8-2 邻接
矩阵表链表

1. 存储结构

（1）有向无权图

在有向无权图中，假设存储顶点的一维数组为 vertex，存储边的二维数组为 edges，若顶点 i 到顶点 j 是连通的，则有 edges[i][j]=1；若顶点 i 到顶点 j 是不连通的，则有 edges[i][j]=0。有向无权图的邻接矩阵示例如图 8-28 所示。

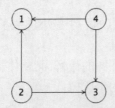 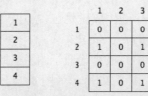

图 8-28 有向无权图的邻接矩阵示例

（2）有向有权图

在有向有权图中，假设存储顶点的一维数组为 vertex，存储边的二维数组为 edges，若顶点 i 到顶点 j 是连通的，则有 edges[i][j]=W_{ij}，W_{ij} 表示顶点 i 和顶点 j 之间边的权值；若顶点 i 到顶点 j 是不连通的，则有 edges[i][j]=∞。有向有权图的邻接矩阵示例如图 8-29 所示。

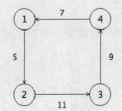

图 8-29 有向有权图的邻接矩阵示例

（3）无向无权图

在无向无权图中，假设存储顶点的一维数组为 vertex，存储边的二维数组为 edges，若顶点 i 到顶点 j 是连通的，则有 edges[i][j]=1；若顶点 i 到顶点 j 是不连通的，则有 edges[i][j]=0。无向无权图的邻接矩阵示例如图 8-30 所示。

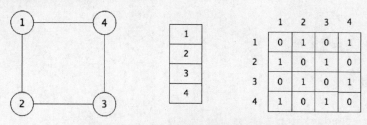

图 8-30　无向无权图的邻接矩阵示例

（4）无向有权图

在无向有权图中，假设存储顶点的一维数组为 vertex，存储边的二维数组为 edges，若顶点 i 到顶点 j 是连通的，则有 edges[i][j]=W_{ij}，W_{ij} 表示顶点 i 和顶点 j 之间边的权值；若顶点 i 到顶点 j 是不连通的，则有 edges[i][j]=∞。无向有权图的邻接矩阵示例如图 8-31 所示。

图 8-31　无向有权图的邻接矩阵示例

2. 基本操作

邻接矩阵的基本操作有获取顶点在顶点数组中的下标值、遍历图、添加节点、求顶点的入度和出度。下面介绍这些操作怎么使用 Python 实现。

（1）获取顶点在顶点数组中的下标值

获取顶点在顶点数组中的下标值，如果顶点在顶点数组中，则返回下标值；如果顶点不在数组中，则返回-1，代码实现如下。

```python
def __getPosition(self, v):
    '''
    :Desc
        返回顶点 key 在顶点数组中的下标值
    :param
        v:顶点
    '''
    for i in range(len(self.vertex)):
        if v == self.vertex[i]:
            return i
    return -1
```

（2）添加边节点

先获取边的弧头和边的弧尾在二维矩阵中的位置，再将二维矩阵中对应的值置为 1 即可实现添加边节点操作，代码实现如下。

```python
def __addEdge(self, edges):
    '''
    :Desc
        无向无权图邻接矩阵
    :param
        e: 边节点
    '''
    for edge in edges:
        # 获取边 edge 的弧尾
        p1 = self.__getPosition(edge[0])
        # 获取边 edge 的弧头
        p2 = self.__getPosition(edge[1])
        # 连接<p1, p2>
        self.matrix[p1][p2]=1
        # 连接<p2, p1>
        self.matrix[p2][p1]=1
```

（3）求顶点入度

求顶点的入度即求取该顶点在二维矩阵中所在的列中数值为 1 的元素的个数，代码实现如下。

```python
def ID(self, v):
    '''
    :Desc
        获取顶点 v 的入度
    :param v:
        顶点 v
    :return:
        返回入度数
    '''
    count = 0    # 入度数
    # 获取顶点的下标值
    index = self.__getPosition(v)
    for col in self.matrix:
        if 1 == col[index]:
            count += 1
    return count
```

（4）求顶点出度

求顶点出度即计算顶点所在矩阵中的行中有多少个 1，数值 1 的个数即为顶点的出度数，代码实现如下。

```python
def OD(self, v):
```

```
    '''
    :Desc
        获取顶点 v 的出度
    :param v:
        顶点 v
    :return
        返回出度数
    '''
    count = 0    # 出度数
    # 获取顶点在矩阵中的下标值
    index = self.__getPosition(v)
    for i in range(len(self.matrix[index])):
        if 1 == self.matrix[index][i]:
            count += 1
    return count
```

（5）遍历图

遍历图即打印邻接矩阵，代码实现如下。

```
def traversal(self):
    '''
    :Desc
        打印邻接矩阵
    '''
    # 遍历行
    for row in self.matrix:
        # 遍历列
        for col in row:
            print("%2d"%col, end=" ")
        print()
```

8.2.2　邻接表

邻接矩阵的优点是可以快速判断任意两个顶点之间是否存在边，可以很方便地在图中添加边；缺点是在边数较少的情况下，矩阵中大部分存储单元是空的，会比较浪费空间。所以当边的数量较少时，可以采用邻接表来存储图的顶点信息。

V8-3　邻接表

邻接表是一种数组和链表相结合的存储方法，顶点集用数组存储，顶点节点需要存储指向第一个邻接点的指针，以方便查找该顶点的边信息；将顶点 v 的所有邻接点构成一个线性表，由于邻接表的个数不定，所以用单链表存储。

1．存储结构

顶点节点有两个域：一个是值域 data，存储顶点的值；另一个是指针域 firstEdge，存储依附在该顶点的第一条边。邻接表顶点节点的存储结构如图 8-32 所示。

顶点节点初始化的实现代码如下。

data	firstEdge

图 8-32　邻接表顶点节点的
存储结构

143

```
class Vertex(object):
    def __init__(self, data):
        # 顶点的数据
        self.data = data
        # 该顶点的第一个邻接点的指针
        self.firstEdge = None
```

（1）无权图

对于无权图来说，边节点有两个域：一个是邻接点域 adjVex，用来存储该顶点的邻接点在顶点数组中的下标值；另一个是指针域 nextEdge，用来存储指向邻接表中下一个节点的指针。无权图边节点的存储结构如图 8-33 所示。

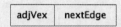

图 8-33　无权图边节点的存储结构

邻接表中无权图的边节点初始化的实现代码如下。

```
class Edge(object):
    def __init__(self, adjVex):
        # 某顶点的邻接点在顶点数组中的下标
        self.adjVex = adjVex
        # 指向邻接表中下一个节点的指针
        self.nextEdge = None
```

（2）有权图

对于有权图来说，其边节点有 3 个域：值域 adjVex 用来存储该顶点的邻接点在顶点数组中的下标，数据域 weight 用来存储权值信息，指针域 nextEdge 用来存储指向邻接表中下一个节点的指针。有权图边节点的存储结构如图 8-34 所示。

图 8-34　有权图边节点的存储结构

邻接表中有权图的边节点初始化的实现代码如下。

```
class Edge(object):
    def __init__(self, adjVex, weight):
        # 某顶点的邻接点在顶点数组中的下标
        self.adjVex = adjVex
        # 指向邻接表中下一个节点的指针
        self.nextEdge = None
        # 权值大小
        self.weight = weight
```

（3）无向无权图

图 8-35 所示为一个无向无权图 G_6，现在要用邻接表存储方式将其展示出来。

图 8-35 所示的无向无权图中，邻接表中边节点只有两个域，分别是 adjVex 和 nextEdge，图 8-36 是图 8-35 的邻接表表示。

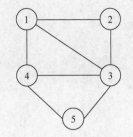

图 8-35　无向无权图 G_6

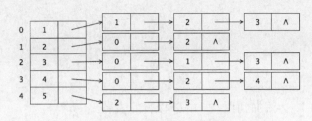

图 8-36　无向无权图 G_6 的邻接表表示

（4）无向有权图

图 8-37 所示为一个无向有权图 G_7，边节点只有 3 个域，分别是 adjVex、weight 和 nextEdge；用邻接表存储方式将其展示出来，如图 8-38 所示。

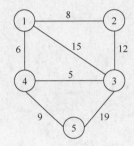

图 8-37　无向有权图 G_7

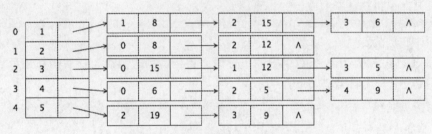

图 8-38　无向有权图 G_7 的邻接表表示

2．基本操作

邻接表的基本操作有获取顶点在顶点数组中的下标值、添加边节点、求顶点的出度和入度、遍历邻接表等。

（1）获取顶点在顶点数组中的下标值

代码实现如下。

```
def __getPosition(self, v):
    '''
    :Desc
        获取顶点在顶点数组中的下标值
    :param
        v:顶点
    :return
        如果数组中存在顶点 v，则返回顶点 v 在顶点数组中的下标值
```

```
        否则返回-1
    '''
    for i in range(len(self.listVex)):
        if self.listVex[i].data is v:
            return i
    return -1
```

（2）将边添加到顶点 *v* 的邻接表的表尾

当将新边添加到顶点 *v* 的邻接表的表尾时，若顶点 *v* 的下一条邻接边不为空，则继续遍历；若顶点 *v* 的下一条邻接边为空，则添加新边，代码实现如下。

```
def __linkLast(self, list, edge):
    '''
    :Desc
        将新的边添加到顶点 v 的邻接表的表尾
    :param
        list: 顶点 v 的邻接表
        edge: 新边
    :return:
    '''
    p = list
    while p.nextEdge:
        p = p.nextEdge
    p.nextEdge = edge
```

（3）添加边节点

先获取弧头、弧尾在表头数组中的下标值，再构造新边节点，最后将新边节点添加到弧尾的邻接表中，代码实现如下。

```
def __addEdge(self, i, edges,):
    '''
    :Desc
        添加边
    :param
        i:第 i 条边
        edges: 第 i 条边的数据
    :return:
    '''
    # 边的起点
    c1 = edges[i][0]
    # 边的终点
    c2 = edges[i][1]
    # 边的权值
    w = edges[i][2]
    # 边的起点在表头数组中的下标值
    p1 = self.__getPosition(c1)
```

```
# 边的终点在表头数组中的下标值
p2 = self.__getPosition(c2)

newedge = Edge(p2, w)
# 如果顶点的第一条邻接边为空
if self.listVex[p1].firstEdge is None:
    self.listVex[p1].firstEdge = newedge
# 如果顶点的第一条邻接边不为空
else:
    self.__linkLast(self.listVex[p1].firstEdge, newedge)
```

（4）求顶点的出度

通过遍历顶点 v 的边集，每访问到一条依附在顶点 v 的边时，出度数加 1，即可求得出度，代码实现如下。

```
def OD(self, v):
    '''
    :Desc
        求顶点的出度
    :param
        v: 待求的顶点
    :return:
        返回顶点的出度
    '''
    count = 0
    # 顶点 v 在顶点集中的下标值
    index = self.__getPosition(v)
    # 顶点 v 的第一条邻接边
    edge = self.listVex[index].firstEdge
    while edge:
        count += 1
        edge = edge.nextEdge
    return count
```

（5）遍历邻接表

通过表头数组遍历所有顶点的边集，代码实现如下。

```
def traversal(self):
    '''
    :Desc
        遍历邻接表
    '''
    for i in range(len(self.listVex)):
        edge = self.listVex[i].firstEdge
        while edge:
            print("<%s, %s, %s>"%(self.listVex[i].data,
            self.listVex[edge.adjVex].data, edge.weight), end=" ")
```

数据结构（Python 语言描述）（微课版）

```
        edge = edge.nextEdge
    print()
```

3. 代码实现

在这里给出无向无权图的邻接表的代码实现，读者可根据无向无权图的邻接表的代码写出无向有权图、有向无权图、有向有权图邻接表的实现代码。

（1）边节点 Edge 类的代码实现如下。

```python
class Edge(object):
    def __init__(self, adjVex):
        self.adjVex = adjVex
        self.nextEdge = None
```

（2）顶点 Vertex 类的代码实现如下。

```python
class Vertex(object):
    def __init__(self, data):
        self.data = data
        self.firstEdge = None
```

（3）无向无权图 UndirectedUnweightedGraph 类的代码实现如下。

```python
class UndirectedUnweightedGraph(object):
    def __init__(self, vers, edges):
        self.vers = vers
        self.edges = edges
        self.vexLen = len(self.vers)
        self.edgeLen = len(self.edges)
        self.listVex = [Vertex for i in range(self.vexLen)]
        for i in range(self.vexLen):
            self.listVex[i] = Vertex(self.vers[i])
        for i in range(self.edgeLen):
            c1 = self.edges[i][0]
            c2 = self.edges[i][1]
            self.__addEdge(c1, c2)

    def __addEdge(self, c1, c2):
        p1 = self.__getPosition(c1)
        p2 = self.__getPosition(c2)
        edge2 = Edge(p2)
        edge1 = Edge(p1)
        if self.listVex[p1].firstEdge is None:
            self.listVex[p1].firstEdge = edge2
        else:
            self.__linkLast(self.listVex[p1].firstEdge, edge2)
        if self.listVex[p2].firstEdge is None:
            self.listVex[p2].firstEdge = edge1
        else:
            self.__linkLast(self.listVex[p2].firstEdge, edge1)

    def __linkLast(self, list, edge):
        p = list
        while p.nextEdge:
            p = p.nextEdge
```

148

```
            p.nextEdge = edge

    def __getPosition(self, key):
        for i in range(self.vexLen):
            if self.listVex[i].data is key:
                return i
        return -1

    def print(self):
        for i in range(self.vexLen):
            print(self.listVex[i].data, end="->")
            edge = self.listVex[i].firstEdge
            while edge:
                print(self.listVex[edge.adjVex].data, end=" ")
                edge = edge.nextEdge
            print()
```

（4）调试程序，代码实现如下。

```
if __name__ == '__main__':
    vers=[1,2,3,4,5,6]
    edges = [
        [1,2],[2,3],[3,4],[4,5],
        [5,6],[3,6],[2,6],[6,1]]
    g = UndirectedUnweightedGraph(vers, edges)
    g.print()
```

结果显示如下。

```
1->2 6
2->1 3 6
3->2 4 6
4->3 5
5->4 6
6->5 3 2 1
```

8.2.3　十字链表

在邻接矩阵中可以很方便地求出每个顶点的出度和入度，但是在邻接表中不方便获取顶点的入度。如果既要使用邻接表的方式，又能比较方便地获取每个顶点的出度和入度，则可以采用十字链表的存储方式来实现图的存储。十字链表就是图的邻接表和图的逆邻接表的结合。

1. 存储结构

十字链表通过采用顶点节点和边节点来创建。

（1）顶点节点

顶点节点的有 3 个域：第一个是值域 data，用来存储顶点的数值；第二个是指针域 firstIn，用来指向以该顶点为弧头的顶点；第三个是指针域 firstOut，用来指向以该顶点为弧尾的顶点。十字链表顶点节点的存储结构如图 8-39 所示。

图 8-39　十字链表顶点节点的存储结构

十字链表顶点节点 Vertex 类的代码实现如下。

```
class Vertex(object):
    def __init__(self, data):
        self.data = data
        self.firstIn = None
        self.firstOut = None
```

（2）边节点

边节点有 4 个域——两个值域、两个指针域。两个值域分别是 headvex、tailvex，分别用来存储弧的头顶点和尾顶点的位置。两个指针域分别是 hlink、tlink，分别用来存储指向弧头和弧尾相同的节点。十字链表边节点的存储结构如图 8-40 所示。

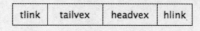

| tlink | tailvex | headvex | hlink |

图 8-40　十字链表边节点的存储结构

十字链表边节点 Edge 类的代码实现如下。

```
class Edge(object):
    def __init__(self, headvex, tailvex):
        self.headvex = headvex
        self.tailvex = tailvex
        self.hlink = None
        self.tlink = None
```

2. 基本操作

十字链表的基本操作有获取顶点在顶点集中的下标值、添加边节点、求顶点的出度及入度等。

（1）获取顶点在顶点集中的下标值，代码实现如下。

```
def __getPosition(self, v):
    '''
    :Desc
        获取顶点 v 在顶点集中的下标值
    :param
        v:顶点 v
    :return:
        返回顶点 v 在顶点集中的下标值
    '''
    for i in range(len(self.vertexsList)):
        if v == self.vertexsList[i].data:
            return i
    return -1
```

（2）添加边节点，代码实现如下。

```
def __addEdge(self, edges):
    '''
    :Desc
```

```
        添加边
    :param
        edges:待添加的边节点
    '''
    for i in range(len(edges)):
        tailvex = self.__getPosition(edges[i][0])
        headvex = self.__getPosition(edges[i][1])
        edge = Edge(headvex, tailvex)
        toVertex = self.vertexsList[tailvex]
        fromVertex = self.vertexsList[headvex]
        if fromVertex.firstOut is None:
            fromVertex.firstOut = edge
        else:
            temp = fromVertex.firstOut
            while temp.tlink is not None:
                temp = temp.tlink
            temp.tlink = edge
        if toVertex.firstIn is None:
            toVertex.firstIn = edge
        else:
            temp = toVertex.firstIn
            while temp.hlink is not None:
                temp = temp.hlink
            temp.hlink = edge
```

（3）求顶点的出度，代码实现如下。

```
def outDegree(self, V):
    '''
    :Desc
        求顶点 v 的出度
    :param V:
    :return:
    '''
    count = 0
    e = V.firstOut
    while e:
        e = e.tlink
        count += 1
    return count
```

（4）求顶点的入度，代码实现如下。

```
def inDegree(self, V):
    '''
    :Desc
        求顶点 v 的入度
```

```
    :param V:
    :return:
    """
count = 0
e = V.firstIn
while e:
    e = e.hlink
    count += 1
return count
```

3. 代码实现

（1）十字链表 OrthogonalList 类的代码实现如下。

```python
class OrthogonalList(object):
    def __init__(self, vertexs, edges):
        self.verLen = len(vertexs)
        self.edgeLen = len(edges)
        self.vertexsList = [Vertex for i in range(self.verLen)]
        for i in range(self.verLen):
            self.vertexsList[i] = Vertex(vertexs[i])

        for i in range(self.edgeLen):
            self.__addEdge(edges[i][0], edges[i][1])

    def __addEdge(self, From, To):
        tailvex = self.__getPosition(To)
        headvex = self.__getPosition(From)
        edge = Edge(headvex, tailvex)
        toVertex = self.vertexsList[tailvex]
        fromVertex = self.vertexsList[headvex]
        if fromVertex.firstOut is None:
            fromVertex.firstOut = edge
        else:
            temp = fromVertex.firstOut
            while temp.tlink is not None:
                temp = temp.tlink
            temp.tlink = edge
        if toVertex.firstIn is None:
            toVertex.firstIn = edge
        else:
            temp = toVertex.firstIn
            while temp.hlink is not None:
                temp = temp.hlink
            temp.hlink = edge

    def __getPosition(self, key):
        for i in range(self.verLen):
            if key is self.vertexsList[i].data:
```

```
                return i
        return -1

    def inDegree(self, V):
        count = 0
        e = V.firstIn
        while e:
            e = e.hlink
            count += 1
        return count

    def outDegree(self, V):
        count = 0
        e = V.firstOut
        while e:
            e = e.tlink
            count += 1
        return count
```

（2）调试程序，代码实现如下。

```
if __name__ == '__main__':
    vertexs=[1,2,3,4,5,6]
    edges=[
        [1,2],[4,5],[1,3],[1,4],[2,4],
        [2,5],[2,6],[3,5],[5,1],[4,6]
    ]
    o = OrthogonalList(vertexs, edges)
    # 输出顶点 1 的入度
    print(o.inDegree(o.vertexsList[0]))
    # 输出顶点 1 的出度
    print(o.outDegree(o.vertexsList[0]))
```

结果显示如下。

```
1
3
```

8.3　图的遍历

图的遍历就是从图中某一顶点出发，访问其余顶点，每个顶点仅被访问一次。图的遍历方法有深度优先遍历和广度优先遍历两种，下面将分别介绍这两种方法。

8.3.1　深度优先遍历

1. 遍历流程

步骤 1：从图的某个顶点 v_i 出发，访问此顶点。

步骤 2：若当前访问的顶点 v_i 的邻接点 v_j 有未被访问的，则任选一个继续访问；若当前访问的顶点 v_i 的邻接点 v_j 皆被访问过，则回溯到最近访问过的顶点，直至初始顶点的所有邻接点都访问完毕。

步骤 3：若此时图中尚有顶点未被访问，则重新选择一个未被访问的顶点作为初始顶点，继续步骤 2 的操作。若此时图中所有顶点皆被访问过，则算法结束。

2. 算法示例

图的深度优先遍历需要用一个栈来存放顶点，这主要使用了栈先进后出的特性。

下面对图 8-41 所示的无向图 G_8 进行深度优先遍历。

V8-4　深度
优先与递归

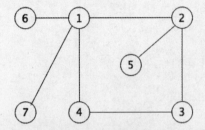

图 8-41　无向图 G_8

规定顶点 1 作为起点，从顶点 1 开始访问，访问完之后将顶点 1 入栈；再访问顶点 1 的一个未被访问的邻接点，已被访问过的顶点用黑色标记，如图 8-42 所示。

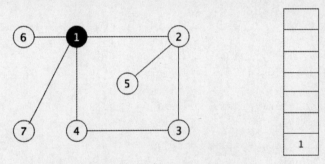

图 8-42　访问图 G_8 中的顶点 1 并将顶点 1 入栈

访问顶点 1 的邻接点顶点 2，并将顶点 2 入栈，如图 8-43 所示。

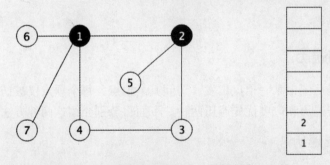

图 8-43　访问图 G_8 中的顶点 2 并将顶点 2 入栈

访问顶点 2 的邻接点顶点 3，并将顶点 3 入栈，如图 8-44 所示。
访问顶点 3 的邻接点顶点 4，并将顶点 4 入栈，如图 8-45 所示。

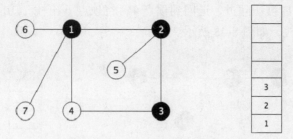

图 8-44　访问图 G_8 中的顶点 3 并将顶点 3 入栈

　　当顶点 4 被访问过之后，顶点 4 的邻接点都被访问过，此时将顶点 4 出栈，退回到顶点 3。顶点 3 的邻接点也都已被访问过，将顶点 3 出栈，退回到顶点 2。顶点 2 尚有邻接点未被访问，因此从顶点 2 出发继续访问其邻接点顶点 5，并将顶点 5 入栈，如图 8-46 所示。

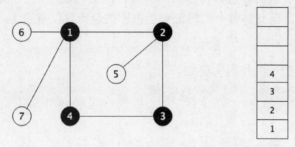

图 8-45　访问图 G_8 中的顶点 4 并将顶点 4 入栈

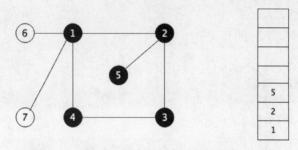

图 8-46　访问图 G_8 中的顶点 5 并将顶点 5 入栈

　　当顶点 5 被访问过之后，顶点 5 的邻接点皆被访问过，将顶点 5 出栈，回到顶点 2。顶点 2 的邻接点皆被访问过，将顶点 2 出栈。退回到顶点 1 并继续访问其其他邻接点。访问顶点 1 的邻接点顶点 6，将顶点 6 入栈，如图 8-47 所示。

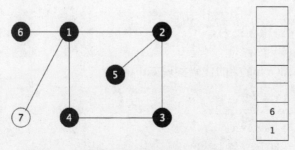

图 8-47　访问图 G_8 中的顶点 6 并将顶点 6 入栈

顶点 6 的邻接点皆被访问过，退回到顶点 1，将顶点 6 出栈。访问顶点 1 的邻接点顶
点 7，并将顶点 7 入栈，如图 8-48 所示。

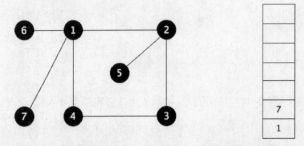

图 8-48　访问图 G_8 中的顶点 7 并将顶点 7 入栈

顶点 7 的邻接点皆被访问过，将顶点 7 出栈，回退到顶点 1。顶点 1 的邻接点皆被访
问过，将顶点 1 出栈。至此，整个图的每个顶点皆被遍历且仅被遍历一次，遍历结束。

3. 代码实现

（1）使用 list() 模拟栈的代码实现如下。

```python
class Stack(object):
    def __init__(self):
        self.items=[]
    def isEmpty(self):
        return self.items == []
    def push(self, item):
        self.items.append(item)
    def pop(self):
        return self.items.pop()
    def peek(self):
        return self.items[0]
```

（2）顶点 Vertex 类的代码实现如下。

```python
class Vertex(object):
    def __init__(self, data):
        self.data = data
        self.firstEdge = None
```

（3）边节点 Edge 类的代码实现如下。

```python
class Edge(object):
    def __init__(self, adjVex):
        self.adjVex = adjVex
        self.nextEdge = None
```

（4）邻接表 LinkedGraph 类的代码实现如下。

```python
class LinkedGraph(object):
    def __init__(self, vertexs, edges):
        self.vexLen = len(vertexs)
        self.edgeLen = len(edges)
        self.listVex = [Vertex for i in range(self.vexLen)]
```

```python
        self.__addVertex(vertexs)
        self.__addEdge(edges)


    def __addVertex(self, vertexs):
        '''
        :Desc
            构造表头数组
        :param
            vertexs: 顶点集
        '''
        for i in range(self.vexLen):
            self.listVex[i] = Vertex(vertexs[i])


    def __addEdge(self, edges):
        '''
        :Desc
            添加边节点到图中
        :param
            edges: 边集
        '''
        for i in range(self.edgeLen):
            c1 = edges[i][0]
            c2 = edges[i][1]
            p1 = self.__getPosition(c1)
            p2 = self.__getPosition(c2)
            edge2 = Edge(p2)
            edge1 = Edge(p1)
            if self.listVex[p1].firstEdge is None:
                self.listVex[p1].firstEdge = edge2
            else:
                self.__linkLast(self.listVex[p1].firstEdge, edge2)
            if self.listVex[p2].firstEdge is None:
                self.listVex[p2].firstEdge = edge1
            else:
                self.__linkLast(self.listVex[p2].firstEdge, edge1)


    def __linkLast(self, firstEdge, newEdge):
        '''
        :Desc
            将新的边添加到顶点 v 的邻接表的表尾
        :param
            firstEdge:依附在顶点 v 的第一条边
            newEdge:新的边
        '''
```

```
            p = firstEdge
            while p.nextEdge:
                p = p.nextEdge
            p.nextEdge = newEdge

    def __getPosition(self, v):
        '''
        :Desc
            获取顶点在数组中的下标值
        :param
            v:顶点
        :return
            如果数组中存在顶点 v，则返回顶点 v 在数组中的下标值
            否则返回-1
        '''
        for i in range(self.vexLen):
            if self.listVex[i].data is v:
                return i
        return -1
```

（5）深度优先遍历算法 DepthFirstSearch 类的代码实现如下。

```
class DepthFirstSearch(object):
    def __init__(self, graph):
        self.stack = Stack()
        self.marked = [0 for i in range(graph.vexLen)]
        self.__dfs()

    def __dfs(self):
        for i in range(graph.vexLen):
            if not self.marked[i]:
                self.marked[i] = 1
                print(graph.listVex[i].data, end=" ")
                self.stack.push(i)
                edge = graph.listVex[i].firstEdge
                while not self.stack.isEmpty():
                    while edge:
                        index = edge.adjVex
                        if not self.marked[index]:
                            self.marked[index] = 1
                            print(graph.listVex[index].data, end=" ")
                            self.stack.push(index)
                            edge = graph.listVex[index].firstEdge
                        else:
                            edge = edge.nextEdge
                    edge = graph.listVex[self.stack.peek()].firstEdge
                    self.stack.pop()
```

（6）调试深度优先遍历算法，代码实现如下。

```
if __name__ == '__main__':
    vertexInfo = [1,2,3,4,5,6]
    edges = [
        [1,2],[2,3],[3,4],[4,5],
        [2,4],[1,5],[2,5],[5,6]]
    graph = LinkedGraph(vertexInfo, edges)
    dfs = DepthFirstSearch(graph)
```

结果显示如下。

```
1 2 3 4 5 6
```

8.3.2 广度优先遍历

1. 遍历流程

步骤 1：从图的某个顶点 v_i 出发，访问此顶点。

步骤 2：依次访问顶点 v_i 相邻且未曾访问过的邻接点。

步骤 3：当 v_i 的邻接点皆被访问完之后，从 v_i 的邻接点 v_j 继续出发，直至图中所有已被访问的顶点的邻接点都被访问到。

步骤 4：若此时图中尚有顶点未被访问，则另选图中一个未被访问的顶点作为起点，重复步骤 1、步骤 2、步骤 3 的操作，直至图中所有顶点都被访问到为止，算法结束。

V8-5 广度优先与队列

2. 算法示例

图的广度优先遍历需要用一个队列来存放顶点，利用了队列先进先出的特性。现在，给出图 8-49 所示的无向图 G_9，其邻接表为 "[[1,2],[2,3],[3,4],[4,5],[2,4],[1,5],[2,5],[5,6]]"，用广度优先遍历算法来按照邻接表的顺序遍历图 8-49。

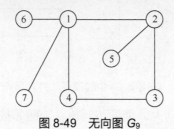

图 8-49　无向图 G_9

规定顶点 1 作为起点，先访问顶点 1，将顶点 1 入队，已被访问过的顶点用黑色来标记，如图 8-50 所示。

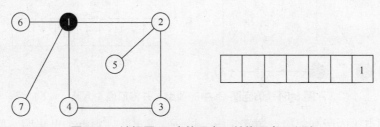

图 8-50　访问图 G_9 中的顶点 1 并将顶点 1 入队

对顶点 1 的所有邻接点进行访问，当顶点 1 的所有邻接点皆被访问过时，再将顶点 1 出队，继续遍历队头节点的邻接点。访问顺序和图的存储方式有关，如果是邻接矩阵，则一般按所在行从左往右的顺序进行访问；如果是邻接表，则按顶点 1 邻接表的顺序进行访问。对顶点 1 的邻接点进行访问，假设顶点 2 被访问，将顶点 2 入队，如图 8-51 所示。

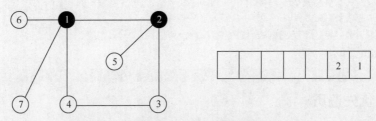

图 8-51　访问图 G_9 中的顶点 2 并将顶点 2 入队

继续访问顶点 1 中未被访问的邻接点顶点 6，将顶点 6 入队，如图 8-52 所示。

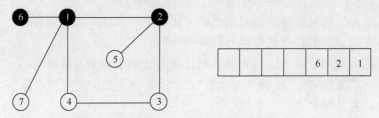

图 8-52　访问图 G_9 中的顶点 6 并将顶点 6 入队

继续访问顶点 1 的邻接点顶点 7，将顶点 7 入队，如图 8-53 所示。

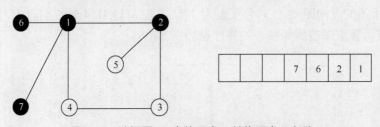

图 8-53　访问图 G_9 中的顶点 7 并将顶点 7 入队

顶点 1 的邻接点还未被访问完，继续访问顶点 1 的邻接点顶点 4，将顶点 4 入队，如图 8-54 所示。

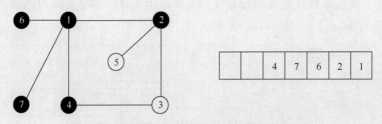

图 8-54　访问图 G_9 中的顶点 4 并将顶点 4 入队

至此，顶点 1 的所有邻接点访问完毕，将顶点 1 出队。顶点 1 出队后，目前队列中队首元素为顶点 2，如图 8-55 所示，现在要遍历顶点 2 的未被访问的邻接点。

访问顶点 2 的邻接点顶点 3，将顶点 3 入队，如图 8-56 所示。

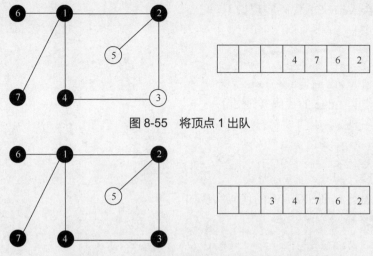

图 8-55　将顶点 1 出队

图 8-56　访问图 G_9 中的顶点 3 并将顶点 3 入队

继续访问顶点 2 的邻接点顶点 5，将顶点 5 入队，如图 8-57 所示。

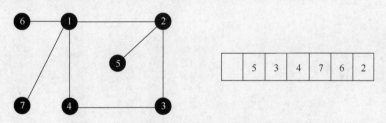

图 8-57　访问图 G_9 中的顶点 5 并将顶点 5 入队

至此，图中的所有顶点皆被遍历且仅被遍历一次，算法结束。

3. 代码实现

知道了广度优先遍历的算法思想，接下来使用 Python 语言来实现广度优先遍历。

（1）使用 Python 自带的列表来模拟实现队列，代码实现如下。

```python
class Queue:
    def __init__(self):
        self.items = []

    def isEmpty(self):
        return self.items == []

    def push(self, item):
        self.items.insert(0, item)

    def pop(self):
        return self.items.pop()
```

```
    def peek(self):
        return self.items[len(self.items)-1]
```

（2）顶点类 Vertex 的代码实现如下。

```
class Vertex(object):
    def __init__(self, data):
        self.data = data
        self.firstEdge = None
```

（3）边节点类 Edge 的代码实现如下。

```
class Edge(object):
    def __init__(self, adjVex):
        self.adjVex = adjVex
        self.nextEdge = None
```

（4）邻接表类 LinkedGraph 的代码实现如下。

```
class LinkedGraph(object):
    def __init__(self, vertexs, edges):
        self.vexLen = len(vertexs)
        self.edgeLen = len(edges)
        self.listVex = [Vertex for i in range(self.vexLen)]
        self.__addVertex(vertexs)
        self.__addEdge(edges)

    def __addVertex(self, vertexs):
        '''
        :Desc
                构造表头数组
        :param
                vertexs: 顶点集
        '''
        for i in range(self.vexLen):
            self.listVex[i] = Vertex(vertexs[i])

    def __addEdge(self, edges):
        '''
        :Desc
                添加边节点到图中
        :param
                edges:边集
        '''
        for i in range(self.edgeLen):
            c1 = edges[i][0]
            c2 = edges[i][1]
            p1 = self.__getPosition(c1)
            p2 = self.__getPosition(c2)
            edge2 = Edge(p2)
            edge1 = Edge(p1)
            if self.listVex[p1].firstEdge is None:
                self.listVex[p1].firstEdge = edge2
            else:
                self.__linkLast(self.listVex[p1].firstEdge, edge2)
            if self.listVex[p2].firstEdge is None:
                self.listVex[p2].firstEdge = edge1
```

```
            else:
                  self.__linkLast(self.listVex[p2].firstEdge, edge1)

    def __linkLast(self, firstEdge, newEdge):
        '''
            :Desc
                  将新的边添加到顶点 v 的邻接表的表尾
            :param
                  firstEdge:依附在顶点 v 的第一条边
                  newEdge:新的边
        '''
        p = firstEdge
        while p.nextEdge:
              p = p.nextEdge
        p.nextEdge = newEdge

    def __getPosition(self, v):
        '''
        :Desc
              获取顶点在顶点数组中的下标值
        :param
              v:顶点
        :return
              如果数组中存在顶点 v，则返回顶点 v 在顶点数组中的下标值
              否则返回-1
        '''
        for i in range(self.vexLen):
              if self.listVex[i].data is v:
                    return i
        return -1
```

（5）广度优先遍历算法 BreadthFirstSearch 类的代码实现如下。

```
class BreadthFirstSearch(object):
    def __init__(self, graph):
        self.queue = Queue()
        # 判断某个顶点是否已被访问
        self.marked=[0 for i in range(graph.vexLen)]
        self.__bfs()

    def __bfs(self):
        '''
        :Desc
              广度优先遍历
        '''
        # 从第一个顶点开始遍历
        for i in range(graph.vexLen):
            # 如果该顶点未被访问
            if self.marked[i] is 0:
                  self.marked[i] = 1
                  print(graph.listVex[i].data, end=" ")
```

```
                    self.queue.push(i)
            while not self.queue.isEmpty():
                j = self.queue.pop()
                # 将该顶点的所有未被访问的邻接点入队并访问
                edge = graph.listVex[j].firstEdge
                while edge:
                    k = edge.adjVex
                    if self.marked[k] is 0:
                        self.marked[k] = 1
                        print(graph.listVex[k].data, end=" ")
                        self.queue.push(k)
                    edge = edge.nextEdge
```

（6）调试广度优先遍历算法，代码实现如下。

```
if __name__ == '__main__':
    vertexInfo = [1,2,3,4,5,6]
    edges = [
        [1,2],[2,3],[3,4],[4,5],
        [2,4],[1,5],[2,5],[5,6]]
    graph = LinkedGraph(vertexInfo, edges)
    bfs = BreadthFirstSearch(graph)
```

结果显示如下。

```
1 2 5 3 4 6
```

上述内容分别介绍了如何使用深度优先和广度优先来遍历图，两者之间存在不同。深度优先遍历是寻找离起点更远的顶点，只有当某个顶点的邻接点都被访问过后才往回退；再选一个最近的顶点，继续深入到更远的地方，路径较长。广度优先遍历是先访问起点的所有邻接点，只有邻接点都被访问后才向前进，用广度优先遍历可以得到最短路径。

8.4 最小生成树

在含有 n 个顶点的连通网中选取 $n-1$ 条边，构成一个极小连通子图，并且使该连通子图 $n-1$ 条边的权值之和达到最小，这个连通子图即为连通网的最小生成树。

构造生成树的基本原则有两点：一是尽可能选取权值最小的边，但不能构成回路；二是选择 $n-1$ 条边构成最小生成树。

通常，构造最小生成树采用 Prim（普里姆）算法或者 Kruskal（克鲁斯卡尔）算法来实现，下面将分别介绍这两种算法。

8.4.1 Prim 算法

1. 算法流程

步骤 1：从某一个顶点出发，选择依附在该顶点的边中权重最小的一条加入树中。

步骤 2：在从当前树中的顶点发往树外的所有边中选出权重最小的一条，连顶点一起加入树中。

步骤 3：重复步骤 2，直到所有顶点都在（最小生成）树中，算法结束。

2. 算法示例

现在来说明如何通过 Prim 算法来得到图 8-58 所示的无向图 G_{10} 的最小生成树。

V8-6　Prim 算法

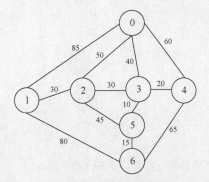

图 8-58　无向图 G_{10}

规定顶点 0 作为初始顶点，从顶点 0 出发，将顶点 0 加入树，已选取的顶点用黑色表示，如图 8-59 所示。

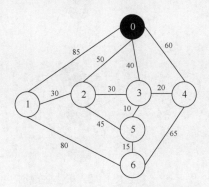

图 8-59　将顶点 0 加入最小生成树

从顶点 0 发往树外的边包括(0,1)、(0,2)、(0,3)、(0,4)，其中权重最小的边为(0,3)，将边(0,3)加入树，如图 8-60 所示。

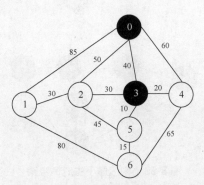

图 8-60　将边(0,3)加入最小生成树

数据结构（Python 语言描述）（微课版）

继续从当前树中的顶点发往树外的边中寻找权重最小的一条，即在边(0,1)，(0,2)，(0,4)，(3,2)，(3,4)，(3,5)中寻找权重最小的边，注意，边(3,0)属于当前树的内部边，所以不用考虑。由于边(3,5)的权重最小，所以将边(3,5)加入树中，如图 8-61 所示。

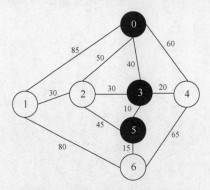

图 8-61　将边(3,5)加入最小生成树

继续上述步骤，从顶点 0、顶点 3、顶点 5 发往树外的边中选出权重最小的一条，即边(5,6)，其权值为 15，将它加入树中，如图 8-62 所示。

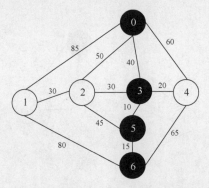

图 8-62　将边(5,6)加入最小生成树

重复上述步骤，直到得到图的最小生成树，构造最小生成树结束，如图 8-63 所示。

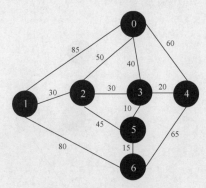

图 8-63　构造最小生成树结束

166

3. 代码实现

（1）顶点 Vertex 类的代码实现如下。

```python
class Vertex(object):
    def __init__(self, data):
        self.data = data
        self.firstEdge = None
```

（2）边节点 Edge 类的代码实现如下。

```python
Class Edge(object):
    def __init__(self, adjVex, weight):
        self.adjVex = adjVex
        self.weight = weight
        self.nextEdge = None
```

（3）邻接表 LinkedGraph 类的代码实现如下。

```python
class LinkedGraph(object):
    def __init__(self, vertexs, edges):
        '''
        :Desc
                构造邻接表
        :param
                vers: 顶点集
                edges: 边集
        '''
        self.vertexLen = len(vertexs)
        self.edgeLen = len(edges)
        self.listVex = [Vertex for i in range(self.vertexLen)]
        # 构造表头数组
        self.__addVertex(vertexs)
        # 添加边节点到图中
        self.__addEdge(edges)

    def __addVertex(self, vertexs):
        '''
        :Desc
                构造表头数组
        :param
                vertexs: 顶点集
        '''
        for i in range(self.vertexLen):
            self.listVex[i] = Vertex(vertexs[i])

    def __addEdge(self, edges):
        '''
        :Desc
                添加边节点到图中
```

```
            :param
                edges:边集
            '''
            for i in range(self.edgeLen):
                # 获取边的起始顶点在表头数组中的下标值
                headVexIndex = self.getPosition(edges[i][0])
                # 获取边的终止顶点在表头数组中的下标值
                tailVexIndex = self.getPosition(edges[i][1])
                weight = edges[i][2]
                # 将该边连接到其依附的点上
                edge = Edge(tailVexIndex, weight)
                # 如果起始顶点没有其他边依附
                if self.listVex[headVexIndex].firstEdge is None:
                    self.listVex[headVexIndex].firstEdge = edge
                # 如果起始顶点已经有其他边依附了
                else:
                    sself.__linkLast(self.listVex[headVexIndex].firstEdge, edge)

    def __linkLast(self, firstEdge, newEdge):
        '''
        :Desc
            将新的边添加到顶点 v 的邻接表的表尾
        :param
            firstEdge:依附在顶点 v 的第一条边
            newEdge:新的边
        '''
        p = firstEdge
        while p.nextEdge:
            p = p.nextEdge
        p.nextEdge = newEdge

    def getPosition(self, v):
        '''
        :Desc
            获取顶点在顶点数组中的下标值
        :param
            v:顶点
        :return
            如果数组中存在顶点 v，则返回顶点 v 在顶点数组中的下标值
            否则返回-1
        '''
        for i in range(self.vertexLen):
            if self.listVex[i].data is v:
                return i
        return -1
```

（4）Prim 算法的代码实现如下。

```python
class Prim(object):
    def __init__(self, graph):
        vertexNum = len(graph.listVex)+1
        # 判断顶点是否已经被访问
        self.marked = [False for i in range(vertexNum)]

        self.edgeTo = [[] for i in range(vertexNum)]
        self.distTo = [0 for i in range(vertexNum)]
        self.minDict = dict()
        for i in range(1, vertexNum):
            self.distTo[i] = float('Inf')
        self.visit(graph, 1)
        while self.minDict.__len__():
            self.visit(graph, self.delMin())


    def delMin(self):
        m = min(self.minDict.items(), key=lambda x:x[1])[0]
        self.minDict.__delitem__(m)
        return m

    def weight(self):
        weight = 0
        for i in range(1, len(self.distTo)):
            weight+=self.distTo[i]
        return weight

    def visit(self, graph, v):
        self.marked[v] = True
        index = graph.getPosition(v)

        edge = graph.listVex[index].firstEdge
        while edge:
            w = graph.listVex[edge.adjVex].data
            if edge.weight < self.distTo[w]:
                self.distTo[w] = edge.weight
                self.edgeTo[w] = [v, w, edge.weight]
                self.minDict[w] = self.distTo[w]
            edge = edge.nextEdge
            if self.marked[w] is True:
                continue
```

（5）调试 Prim 算法，代码实现如下。

```python
if __name__ == '__main__':
    vertexs=[1,2,3,4,5]
    edges = [[1,2,20],[1,5,15],[1,3,30],[1,4,10],
        [2,3,50],[4,3,10],[4,5,40]]
```

数据结构（Python 语言描述）（微课版）

```
graph = LinkedGraph(vertexs, edges)
prim = Prim(graph)
print("最小生成树的边集为：", end="")
for e in prim.edgeTo:
    if e:
        print(e, end=" ")
```

结果显示如下。

最小生成树的边集为：[1,2,20] [4,3,10] [1,4,10] [1,5,15]

8.4.2 Kruskal 算法

V8-7 Kruskal 算法

1. 算法流程

步骤 1：初始子图边数为 0，包含原图所有顶点（假设有 n 个顶点）。

步骤 2：将图中所有边按照边权值从小到大的顺序，逐一考虑每条边，只要这条边加入到子图中不构成环，就把这条边加入；否则放弃这条边。

步骤 3：重复步骤 2，直至成功选择 $n-1$ 条边，构造一棵最小生成树；如果无法选择出 $n-1$ 条边，则说明该图不连通。

2. 算法示例

现在来分析如何通过 Kruskal 算法来得到图 8-64 所示的无向图 G_{11} 的最小生成树。设无向图 G_{11} 的边集为 E，$E=\{(0,1),(0,3),(0,2),(1,3),(1,5),(2,4),(2,5),(3,5),(4,5)\}$。

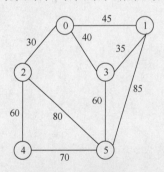

图 8-64　无向图 G_{11}

初始状态时，子图是只有 n 个顶点而没有边的非连通图，每个顶点都是一个连通分量，连通分量集 $T=\{\{0\},\{1\},\{2\},\{3\},\{4\},\{5\}\}$，如图 8-65 所示。

图 8-65　初始状态的最小生成树

170

在边集 E 中选取权值最小的边(0,2),顶点 0 和顶点 2 处于不同的连通分量,可将边(0,2)添加到子图中,如图 8-66 所示。在边集 E 中删除边(0,2),更新边集 E, E={(0,1),(0,3),(1,3),(1,5),(2,4),(2,5),(3,5),(4,5)};更新连通分量集 T, T={{0,2},{1},{3},{4},{5}}。

继续上述步骤,在边集 E 中选取权值最小的边(1,3),顶点 1 和顶点 3 处于不同的连通分量,将边(1,3)添加到子图中,如图 8-67 所示。在边集 E 中删除边(1,3),更新边集 E, E={(0,1),(0,3),(1,5), (2,4),(2,5),(3,5),(4,5)};更新连通分量集 T, T={{0,2},{1,3},{4},{5}}。

图 8-66　将边(0,2)添加到子图中　　　图 8-67　将边(1,3)添加到子图中

在边集 E 中选取权值最小的边(0,3),顶点 0 和顶点 3 处于不同的连通分量,将边(0,3)添加到子图中,如图 8-68 所示。在边集 E 中删除边(0,3),更新边集 E, E={(0,1),(1,5),(2,4),(2,5),(3,5),(4,5)};更新连通分量集 T, T={{0,1,2,3},{4},{5}}。

在边集 E 中选取边(0,1),顶点 0 和顶点 1 处于相同的连通分量,若将边(0,1)添加到子图中,最小生成树中会出现环,如图 8-69 所示。故这里应将其舍弃,并将边(0,1)从边集 E 中和最小生成树中删除,更新边集 E, E={(1,5),(2,4),(2,5),(3,5),(4,5)}。

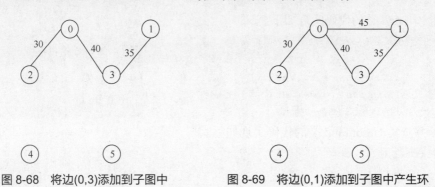

图 8-68　将边(0,3)添加到子图中　　　图 8-69　将边(0,1)添加到子图中产生环

在边集 E 中,权值最小的边是(2,4)、(3,5),任选一条边,这里选择边(2,4),顶点 2 和顶点 4 处于不同的连通分量,将边(2,4)添加到子图中,如图 8-70 所示。在边集 E 中删除边(2,4),更新边集 E, E={(1,5),(2,5),(3,5),(4,5)};更新连通分量集 T, T={{0,1,2,3,4},{5}}。

在边集 E 中选取权值最小的边(3,5),顶点 3 和顶点 5 处于不同的连通分量,将边(3,5)添加到子图中,如图 8-71 所示。在边集 E 中删除边(3,5),更新边集 E, E={(1,5),(2,5),(4,5)};更新连通分量集 T, T={{0,1,2,3,4,5}}。图 G_{11} 有 6 个顶点,已经选取了 5 条边,最小生成树构造完成。

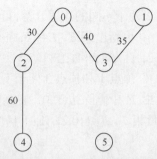

图 8-70　将边(2,4)添加到子图中

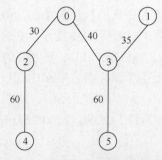

图 8-71　将边(3,5)添加到子图中

在 Kruskal 算法中，将权值最小的边加入非连通图时常常需要判断该边的两个顶点是否处于同一个连通分量。如果处于同一个连通分量，就会形成环，不能使用该边。如果不是处于同一个连通分量，则可以使用该边。这里用到了并查集。

并查集是一种树形结构，主要用于查询某元素是否位于某个集合当中以及集合间的合并。并查集的操作主要是对集合的合并与查询，它的主要用途是构建连通分支。

3. 代码实现

（1）导入 queue 包，代码实现如下。

```python
from queue import Queue, PriorityQueue
```

（2）顶点 Vertex 类的代码实现如下。

```python
class Vertex(object):
    def __init__(self, data):
        self.data = data
        self.firstEdge = None
```

（3）边 Edge 类的代码实现如下。

```python
class Edge(object):
    def __init__(self, adjVex, weight):
        self.adjVex = adjVex
        self.weight = weight
        self.nextEdge = None
```

（4）并查集 UnionFind 类的代码实现如下。

```python
class UnionFind:
    def __init__(self, num):
        self.num = num
        self.parentTo = list()
        for i in range(num):
            self.parentTo.append(i)

    def find(self, p):
        while p is not self.parentTo[p]:
            p = self.parentTo[p]
        return p

    def union(self, p, q):
```

```
        pRoot = self.find(p)
        qRoot = self.find(q)
        if pRoot != qRoot:
            self.parentTo[pRoot] = qRoot
            self.num -= 1
    def isConnected(self, p, q):
        return self.find(p) == self.find(q)
```

（5）邻接表 LinkedGraph 类的代码实现如下。

```python
class LinkedGraph(object):
    def __init__(self, vertexs, edges):
        '''
        :Desc
                构造邻接表
        :param
                vers: 顶点集
                edges: 边集
        '''
        self.vertexLen = len(vertexs)
        self.edgeLen = len(edges)
        self.listVex = [Vertex for i in range(self.vertexLen)]
        # 构造表头数组
        self.__addVertex(vertexs)
        # 添加边节点到图中
        self.__addEdge(edges)

    def __addVertex(self, vertexs):
        '''
        :Desc
                构造表头数组
        :param
                vertexs: 顶点集
        '''
        for i in range(self.vertexLen):
            self.listVex[i] = Vertex(vertexs[i])

    def __addEdge(self, edges):
        '''
        :Desc
                添加边节点到图中
        :param
                edges: 边集
        '''
        for i in range(self.edgeLen):
```

```
            # 获取边的起始顶点在表头数组中的下标值
            headVexIndex = self.getPosition(edges[i][0])
            # 获取边的终止顶点在表头数组中的下标值
            tailVexIndex = self.getPosition(edges[i][1])
            weight = edges[i][2]
            # 将该边连接到其依附的点上
            edge = Edge(tailVexIndex, weight)
            # 如果起始顶点没有其他边依附
            if self.listVex[headVexIndex].firstEdge is None:
                self.listVex[headVexIndex].firstEdge = edge
            # 如果起始顶点已经有其他边依附了
            else:
                self.__linkLast(self.listVex[headVexIndex].firstEdge, edge)

    def __linkLast(self, firstEdge, newEdge):
        '''
        :Desc
            将新的边添加到顶点 v 的邻接表的表尾
        :param
            firstEdge:依附在顶点 v 的第一条边
            newEdge:新的边
        '''
        p = firstEdge
        while p.nextEdge:
            p = p.nextEdge
        p.nextEdge = newEdge

    def getPosition(self, v):
        '''
        :Desc
            获取顶点在顶点数组中的下标值
        :param
            v:顶点
        :return
            如果数组中存在顶点 v，则返回顶点 v 在顶点数组中的下标值
            否则返回-1
        '''
        for i in range(self.vertexLen):
            if self.listVex[i].data is v:
                return i
        return -1
```

（6）Kruskal 算法的代码实现如下。

```
class Kruskal:
```

```python
    def __init__(self, graph):
        self.mst = Queue()
        self.edges = PriorityQueue()

        for i in range(len(graph.listVex)):
            a = graph.listVex[i].data
            edge = graph.listVex[i].firstEdge
            while edge:
                b = graph.listVex[edge.adjVex].data
                w = edge.weight
                self.edges.put([w, a, b])
                edge = edge.nextEdge

        uf = UnionFind(graph.edgeLen)
        while not self.edges.empty() and self.mst.qsize() < len(graph. listVex)
-1:
            edge = self.edges.get()
            v = edge[1]
            w = edge[2]
            if uf.isConnected(v, w):
                continue
            uf.union(v, w)
            self.mst.put(edge)

    def print(self):
        print("最小生成树边集: ", end="")
        while not self.mst.empty():
            print(self.mst.get(), end=" ")
```

（7）调试 Kruskal 算法，代码实现如下。

```python
if __name__ == '__main__':
    vertexs=[1,2,3,4,5]
    edges = [[1,2,20],[1,5,15],[1,3,30],[1,4,10],
        [2,3,50],[4,3,20],[4,5,40]]
    g = LinkedGraph(vertexs, edges)
    kruskal = Kruskal(g)
    kruskal.print()
```

结果显示如下。

```
最小生成树边集: [10,1,4] [15,1,5] [20,1,2] [20,4,3]
```

8.5 最短路径

在生活中，有很多情景可以用最短路径来解决。例如，从中国深圳到达南非约翰内斯堡，途中需要经过很多城市，应该怎么选择路线才能使路程最短呢？像这种从一个顶点到另一个顶点所耗费的最小成本（权值）称为最短路径。

实现最短路径的常用算法有 Dijkstra 算法、Floyd 算法、Bellman-Ford 算法。

8.5.1　Dijkstra 算法

Dijkstra 算法能解决边权值非负的加权有向图的单点最短路径问题。

1．基本思想

通过 Dijkstra 算法计算图 G 中的最短路径时，需要指定起点 v（即从顶点 v 开始计算）。此外，需要引进两个集合 S 和 U。S 的作用是记录已求出最短路径的顶点（以及相应的最短路径长度），而 U 的作用是记录还未求出最短路径的顶点（以及该顶点到起点 v 的距离）。

步骤 1：初始时，S 中只有起点 v，U 中是除 v 之外的顶点。

步骤 2：从 U 中找出路径最短的顶点，并将其加入 S 中；接着更新 U 中的顶点到起点的距离。

步骤 3：重复步骤 2，直到所有顶点加入 S 中。

2．算法示例

现在用 Dijkstra 算法来求取图 8-72 所示的有向图 G_{12} 的顶点 V_0 到其余各个顶点的最短距离。选取顶点 V_0，将顶点 V_0 添加到集合 S 中。集合 $S=\{V_0(0)\}$，集合 $U=\{V_1(80),V_2(30),V_3(\infty),V_4(85)\}$。

集合 U 中的元素 $V_1(80)$ 表示顶点 V_0 到顶点 V_1 可达，距离为 80；元素 $V_3(\infty)$ 表示顶点 V_0 到顶点 V_3 之间不存在弧，距离为无穷，如图 8-73 所示。

V8-8　Dijkstra
算法

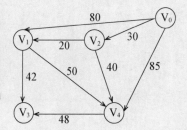

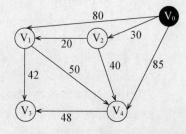

图 8-72　有向图 G_{12}　　图 8-73　开始计算 G_{12} 中顶点 V_0 到各顶点的最短路径

在集合 U 中选取距离顶点 V_0 最近的顶点 V_2，并且在集合 U 中删除顶点 V_2，将顶点 V_2 添加到集合 S 中。更新集合 S，集合 $S=\{V_0(0),V_2(30)\}$。现在，顶点 V_0 通过顶点 V_2 继续对其相邻点进行松弛。例如，原本 weight(<0,1>)=80，weight(<0,1>) 表示顶点 V_0 到顶点 V_1 之间的距离。现在借助顶点 V_2，判断 weight(<0,2>)+weight(<2,1>) 是否大于 weight(<0,1>)，如果大于，则 $V_0{\rightarrow}V_2{\rightarrow}V_1$ 的距离比 $V_0{\rightarrow}V_1$ 长，否则相反，weight(<0,2>)+weight(<2,1>)=50，小于 weight(<0,1>)，$V_0{\rightarrow}V_2{\rightarrow}V_1$ 为最短路径。对于 weight(<0,4>)、weight(<0,3>) 也是按照这样的方式进行松弛。松弛后，更新集合 U，$U=\{V_1(50),V_3(\infty),V_4(70)\}$，如图 8-74 所示。

继续上述操作，直至所有顶点均被访问过，更新完毕后如图 8-75 所示，即求得顶点 V_0 到其余各个顶点的最短路径。集合 $S=\{V_0(0),V_1(50),V_2(30),V_3(92),V_4(70)\}$。

表 8-1 所示为顶点 V_0 到其余顶点的路径及其最短路径长度。

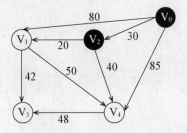

图 8-74　更新有向图 G_{12} 顶点 V_0 到其他顶点的最短路径

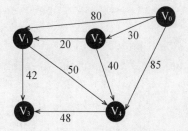

图 8-75　有向图 G_{12} 顶点 V_0 到其他顶点的最短路径更新完毕后

表 8-1　顶点 V_0 到其余顶点的最短路径及其最短路径长度

顶点 V_0 到其余顶点的路径	最短路径长度
$V_0 \rightarrow V_0$	0
$V_0 \rightarrow V_2 \rightarrow V_1$	50
$V_0 \rightarrow V_2$	30
$V_0 \rightarrow V_2 \rightarrow V_1 \rightarrow V_3$	92
$V_0 \rightarrow V_2 \rightarrow V_4$	70

3. 代码实现

（1）边 Edge 类的代码实现如下。

```
class Edge(object):
    def __init__(self, adjVex, weight):
        self.adjVex = adjVex
        self.weight = weight
        self.nextEdge = None
```

（2）顶点 Vertex 类的代码实现如下。

```
class Vertex(object):
    def __init__(self, data):
        self.data = data
        self.firstEdge = None
```

（3）邻接表 LinkedGraph 类的代码实现如下。

```
class LinkedGraph(object):
    def __init__(self, vertexs, edges):
        '''
        :Desc
            构造邻接表
        :param
            vers: 顶点集
            edges: 边集
        '''
        self.vertexLen = len(vertexs)
```

数据结构（Python 语言描述）（微课版）

```
        self.edgeLen = len(edges)
        self.listVex = [Vertex for i in range(self.vertexLen)]
        # 构造表头数组
        self.__addVertex(vertexs)
        # 添加边节点到图中
        self.__addEdge(edges)

    def __addVertex(self, vertexs):
        '''
        :Desc
            构造表头数组
        :param
            vertexs: 顶点集
        '''
        for i in range(self.vertexLen):
            self.listVex[i] = Vertex(vertexs[i])

    def __addEdge(self, edges):
        '''
        :Desc
            添加边节点到图中
        :param
            edges: 边集
        '''
        for i in range(self.edgeLen):
            # 获取边的起始顶点在表头数组中的下标值
            headVexIndex = self.getPosition(edges[i][0])
            # 获取边的终止顶点在表头数组中的下标值
            tailVexIndex = self.getPosition(edges[i][1])
            weight = edges[i][2]
            # 将该边连接到其依附的点上
            edge = Edge(tailVexIndex, weight)
            # 如果起始顶点没有其他边依附
            if self.listVex[headVexIndex].firstEdge is None:
                self.listVex[headVexIndex].firstEdge = edge
            # 如果起始顶点已经有其他边依附了
            else:
                self.__linkLast(self.listVex[headVexIndex].firstEdge, edge)

    def __linkLast(self, firstEdge, newEdge):
        '''
        :Desc
            将新的边添加到顶点 v 的邻接表的表尾
        :param
            firstEdge:依附在顶点 v 的第一条边
```

178

```
            newEdge:新的边
        '''
        p = firstEdge
        while p.nextEdge:
            p = p.nextEdge
        p.nextEdge = newEdge


    def getPosition(self, v):
        '''
        :Desc
            获取顶点在顶点数组中的下标值
        :param
            v:顶点
        :return
            如果数组中存在顶点 v，则返回顶点 v 在顶点数组中的下标值
            否则返回-1
        '''
        for i in range(self.vertexLen):
            if self.listVex[i].data is v:
                return i
        return -1
```

（4）Dijkstra 算法的代码实现如下。

```
class Dijkstra:
    def __init__(self, graph, v):
        self.edgeTo = [[] for i in range(len(graph.listVex)+1)]
        self.distTo = [float('Inf') for i in range(len(graph.listVex)+1)]
        self.minDict = dict()
        # 将起点到起点的最短距离赋值为 0
        self.distTo[v] = 0
        # 对顶点 v 进行松弛，松弛后从起点到该顶点的最短距离即可被确定下来
        self.relax(v)

        while self.minDict.__len__():
            self.relax(self.delMin())


    def relax(self, v):
        '''
        :Desc
            利用顶点 v 进行松弛操作
        :param
            v:顶点 v
        '''
        # 获取顶点 v 在邻接表的表头数组中的下标值
        index = graph.getPosition(v)
```

179

```
            # 得到依附在顶点 v 的第一条边
        edge = graph.listVex[index].firstEdge
        while edge:
                # 获取弧尾依附在顶点 v 的边的弧头
            w = graph.listVex[edge.adjVex].data
            # 如果起点到顶点 v 的路径长度加上顶点 v 到顶点 w 的路径长度小于起点到顶点 w 的路径长度
            if self.distTo[v]+edge.weight < self.distTo[w]:
                self.distTo[w] = self.distTo[v]+edge.weight
                self.edgeTo[w] = [v, w]
                # 修改当前未作为中转点来进行松弛的顶点到距离起点的路径
                self.minDict[w] = self.distTo[w]
            edge = edge.nextEdge


    def pathTo(self, v):
        '''
        :Desc
            打印起点到顶点 v 的最短路径，用列表存储该最短路径
        :param
            v: 顶点 v
        :return: 返回最短路径列表
        '''
        if self.distTo[v] is not float('Inf'):
            path = list()
            e = self.edgeTo[v]
            while e:
                path.insert(0, e)
                e = self.edgeTo[e[0]]
            return path
        return None


    def delMin(self):
        '''
        :Desc
            获取距离起点最近的顶点，已作为中转点松弛的顶点不会在字典中
            字典中元素的键表示顶点，值表示起点到该顶点的距离
            {2:20,5:15,3:30,4:10}
        :return:
        '''
        # 获取值最小的元素，即距离起点最近且未作为中转点来进行松弛的顶点
        m = min(self.minDict.items(), key=lambda x:x[1])[0]
        self.minDict.__delitem__(m)
        return m
```

（5）调试 Dijkstra 算法，代码实现如下。

```
if __name__ == '__main__':
```

```
vertexs=[1,2,3,4,5]
edges = [[1,2,20],[1,5,15],[1,3,30],[1,4,10],
     [2,3,50],[4,3,10],[4,5,4]]
graph = LinkedGraph(vertexs, edges)
start = 1
dijstra = Dijkstra(graph, start)
for v in vertexs:
     if v == start:
          continue
     print("%d to %d: 最小权值为 %d; 经过的路径为%s" % (start, v, dijstra.
distTo[v], dijstra.pathTo(v)))
```

结果显示如下。

```
1 to 2: 最小权值为 20; 经过的路径为[[1,2]]
1 to 3: 最小权值为 20; 经过的路径为[[1,4],[4,3]]
1 to 4: 最小权值为 10; 经过的路径为[[1,4]]
1 to 5: 最小权值为 14; 经过的路径为[[1,4],[4,5]]
```

8.5.2 Floyd 算法

Dijkstra 算法适用于求解单点最短路径，且要求边上的权重都是非负的。如果要解决任意起点到任意顶点的最短路径的问题，则可以使用 Floyd 算法。

Floyd 算法全称为 Floyd-Warshall 算法，可以解决多源最短路径，还可以处理负权边，但是不能处理负权回路。如果图中含有负权回路，则会使得最短路径的概念失去意义。

1. 基本思想

Floyd 算法思想为在原路径里增加一个新中转节点，如果产生的新路径比原路径更短，则用新路径代替原路径的值。需要定义两个二维数组，数组 dist 用来存储顶点间的最小路径，如 dist[v][w]=10，表示顶点 v 到顶点 w 的最短路径为 10；数组 edge 用来存储顶点间最小路径的中转点，如 edge[v][w]=u，表示顶点 v 到 w 的最短路径轨迹为 $v \to u \to w$。

在 Floyd 算法中，核心算法为 3 重循环，k 为中转点，v 为起点，w 为终点，循环比较 dist[v][w] 和 dist[v][k]+dist[k][w]的值，如果 dist[v][k]+ dist[k][w]为更小值，则把 dist[v][k]+dist[k][w]覆盖保存在 dist[v][w]中。

V8-9 Floyd 算法

2. 算法示例

现在使用 Floyd 算法来求取图 8-76 所示的有向图中各对顶点之间的最短距离。

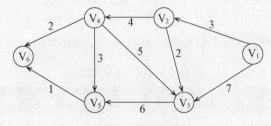

图 8-76 有向图

先对 dist 数组和 edge 数组进行初始化，如表 8-2 和表 8-3 所示。

表 8-2　dist 数组初始化

	V_1	V_2	V_3	V_4	V_5	V_6
V_1	0	3	7	∞	∞	∞
V_2	∞	0	2	4	∞	∞
V_3	∞	∞	0	∞	6	∞
V_4	∞	∞	5	0	3	∞
V_5	∞	∞	∞	∞	0	1
V_6	∞	∞	∞	∞	∞	0

表 8-3　edge 数组初始化

	V_1	V_2	V_3	V_4	V_5	V_6
V_1	V_1	V_1	V_1	V_1	V_1	V_1
V_2	V_2	V_2	V_2	V_2	V_2	V_2
V_3	V_3	V_3	V_3	V_3	V_3	V_3
V_4	V_4	V_4	V_4	V_4	V_4	V_4
V_5	V_5	V_5	V_5	V_5	V_5	V_5
V_6	V_6	V_6	V_6	V_6	V_6	V_6

选中顶点 V_1，以顶点 V_1 为中转点，如图 8-77 所示，dist 数组中各顶点的最短距离保持不变。

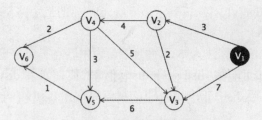

图 8-77　求顶点 V_1 到各顶点的最短路径

选中顶点 V_2，现在以 V_2 为中转点，修改各顶点之间的最短距离。可以发现 dist[1][3]>dist[1][2]+dist[2][3]，所以修改 dist[1][3]=dist[1][2]+dist[2][3]。顶点 V_1 到顶点 V_4 的最短路径也可借助中转点 V_2 进行修改。更新 dist、edge 数组，如表 8-4 和表 8-5 所示。

表 8-4　更新 dist 数组

	V_1	V_2	V_3	V_4	V_5	V_6
V_1	0	3	5	7	∞	∞

续表

	V₁	V₂	V₃	V₄	V₅	V₆
V₂	∞	0	2	4	∞	∞
V₃	∞	∞	0	∞	6	∞
V₄	∞	∞	5	0	3	2
V₅	∞	∞	∞	∞	0	1
V₆	∞	∞	∞	∞	∞	0

表 8-5　更新 edge 数组

	V₁	V₂	V₃	V₄	V₅	V₆
V₁	V₁	V₁	V₂	V₂	V₁	V₁
V₂	V₂	V₂	V₂	V₂	V₂	V₂
V₃	V₃	V₃	V₃	V₃	V₃	V₃
V₄	V₄	V₄	V₄	V₄	V₄	V₄
V₅	V₅	V₅	V₅	V₅	V₅	V₅
V₆	V₆	V₆	V₆	V₆	V₆	V₆

继续上述操作，直至所有顶点均被选择作为中转点为止，如图 8-78 所示，算法结束。

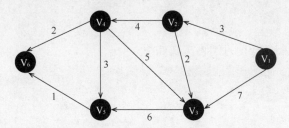

图 8-78　求顶点 V₁ 到各顶点的最短路径（算法结束）

算法结束后，更新的 dist 数组和 edge 数组如表 8-6 和表 8-7 所示。

表 8-6　更新的 dist 数组

	V₁	V₂	V₃	V₄	V₅	V₆
V₁	0	3	5	7	10	9
V₂	∞	0	2	4	7	6
V₃	∞	∞	0	∞	6	7
V₄	∞	∞	5	0	3	2
V₅	∞	∞	∞	∞	0	1
V₆	∞	∞	∞	∞	∞	0

数据结构（Python 语言描述）（微课版）

表 8-7　更新的 edge 数组

	V₁	V₂	V₃	V₄	V₅	V₆
V₁	V₁	V₁	V₂	V₂	V₄	V₄
V₂	V₂	V₂	V₂	V₂	V₄	V₄
V₃	V₃	V₃	V₃	V₃	V₃	V₅
V₄	V₄	V₄	V₄	V₄	V₄	V₄
V₅	V₅	V₅	V₅	V₅	V₅	V₅
V₆	V₆	V₆	V₆	V₆	V₆	V₆

3. 代码实现

（1）边 Edge 类的代码实现如下。

```python
class Edge(object):
    def __init__(self, adjVex, weight):
        self.adjVex = adjVex
        self.weight = weight
        self.nextEdge = None
```

（2）顶点 Vertex 类的代码实现如下。

```python
class Vertex(object):
    def __init__(self, data):
        self.data = data
        self.firstEdge = None
```

（3）邻接表 LinkedGraph 的代码实现如下。

```python
class LinkedGraph(object):
    def __init__(self, vertexs, edges):
        '''
        :Desc
            构造邻接表
        :param
            vers: 顶点集
            edges: 边集
        '''
        self.vertexLen = len(vertexs)
        self.edgeLen = len(edges)
        self.listVex = [Vertex for i in range(self.vertexLen)]
        # 构造表头数组
        self.__addVertex(vertexs)
        # 添加边节点到图中
        self.__addEdge(edges)

    def __addVertex(self, vertexs):
```

184

```
        '''
        :Desc
            构造表头数组
        :param
            vertexs: 顶点集
        '''
        for i in range(self.vertexLen):
        self.listVex[i] = Vertex(vertexs[i])


    def __addEdge(self, edges):
        '''
        :Desc
            添加边节点到图中
        :param
            edges: 边集
        '''
        for i in range(self.edgeLen):
            # 获取边的起始顶点在表头数组中的下标值
            headVexIndex = self.getPosition(edges[i][0])
            # 获取边的终止顶点在表头数组中的下标值
            tailVexIndex = self.getPosition(edges[i][1])
            weight = edges[i][2]
            # 将该边连接到其依附的点上
            edge = Edge(tailVexIndex, weight)
            # 如果起始顶点没有其他边依附
            if self.listVex[headVexIndex].firstEdge is None:
                self.listVex[headVexIndex].firstEdge = edge
            # 如果起始顶点已经有其他边依附了
            else:
                self.__linkLast(self.listVex[headVexIndex].firstEdge,
edge)


    def __linkLast(self, firstEdge, newEdge):
        '''
        :Desc
            将新的边添加到顶点 v 的邻接表的表尾
        :param
            firstEdge:依附在顶点 v 的第一条边
            newEdge:新的边
        '''
        p = firstEdge
        while p.nextEdge:
            p = p.nextEdge
        p.nextEdge = newEdge
```

```python
    def getPosition(self, v):
        '''
        :Desc
            获取顶点在顶点数组中的下标值
        :param
            v:顶点
        :return
            如果数组中存在顶点 v，则返回顶点 v 在顶点数组中的下标值
            否则返回-1
        '''
        for i in range(self.vertexLen):
            if self.listVex[i].data is v:
                return i
        return -1
```

（4）Floyd 算法的代码实现如下。

```python
class Floyd(object):
    def __init__(self, graph):
        vertexNum = len(graph.listVex)
        # 存储各顶点之间的距离，如顶点 0 到顶点 1 的距离为 1，即 self.dist[0][1]=1
        self.dist = [[0 for i in range(vertexNum+1)] for j in range
(vertexNum+1)]
        # 存储各顶点之间的最短路径，如顶点 0 到顶点 4 的最短路径为 0→3→4，即 self.edge
        # [0][4]=3
        self.edge = [[0 for i in range(vertexNum+1)] for j in range
(vertexNum+1)]

        for i in range(1, vertexNum+1):
            for j in range(1, vertexNum+1):
                # 初始化 self.edge，如顶点 i 到顶点 j，即 self.edge[i][j]=i
                self.edge[i][j] = i
                # 起点到起点之间的距离，赋值为 0，如 self.dist[1][1]=0
                if i == j:
                    self.dist[i][j] = 0
                # 否则将起点到其余各个顶点的距离赋值为∞
                else:
                    self.dist[i][j] = float('Inf')


        for i in range(len(graph.listVex)):
            v = graph.listVex[i].data
            edge = graph.listVex[i].firstEdge
            while edge:
                w = graph.listVex[edge.adjVex].data
                self.dist[v][w] = edge.weight
```

```
                        edge = edge.nextEdge

        # v 为起点，w 为终点，利用顶点 k 作为中转点
        # 比较 self.dist[v][w] 和 self.dist[v][k]+self.dist[k][w]
        for k in range(1, vertexNum+1):
            for v in range(1, vertexNum+1):
                for w in range(1, vertexNum+1):
                    if self.dist[v][k] + self.dist[k][w] < self.dist[v][w]:
                        self.dist[v][w] = self.dist[v][k] + self. Dist
[k][w]
                        self.edge[v][w] = self.edge[k][w]

    def pathTo(self, s, v):
        '''
        :Desc
            打印顶点 s 到顶点 v 的最短路径
        :param
            s: 顶点 s
            v: 顶点 v
        :return:
        '''
        if self.dist[s][v] is not float('Inf'):
            path = list()
            i = v
            while i is not s:
                path.insert(0, i)
                i = self.edge[s][i]
            path.insert(0, s)
            return path
        return None
```

（5）调试 Floyd 算法，代码实现如下。

```
if __name__ =='__main__':
    vertexs=[1,2,3,4,5]
    edges = [[1,2,20],[1,5,15],[1,3,30],[1,4,10],
        [2,3,50],[4,3,10],[4,5,40]]
    graph = LinkedGraph(vertexs, edges)
    floyd = Floyd(graph)
    for i in range(len(graph.listVex)):
        for j in range(len(graph.listVex)):
            s = graph.listVex[i].data
            w = graph.listVex[j].data
            if s == w:
                continue
            if floyd.dist[s][w] == float('Inf'):
                continue
```

```
            print("%s to %s: 最小权值为%s; 经过的点为%s"%(s, w, floyd.dist[s]
[w], floyd.pathTo(s, w)))
```

结果显示如下。

```
1 to 2: 最小权值为20; 经过的点为[1,2]
1 to 3: 最小权值为20; 经过的点为[1,4,3]
1 to 4: 最小权值为10; 经过的点为[1,4]
1 to 5: 最小权值为15; 经过的点为[1,5]
2 to 3: 最小权值为50; 经过的点为[2,3]
4 to 3: 最小权值为10; 经过的点为[4,3]
4 to 5: 最小权值为40; 经过的点为[4,5]
```

8.5.3 Bellman-Ford 算法

Bellman-Ford 算法也是求单点最短路径的算法，与 Dijkstra 算法不同的是，Bellman-Ford 算法也适用于求取负权图的单点最短路径，其基本思想如下。

1. 基本思想

假设某个图有 V 个顶点和 E 条边，用 Bellman-Ford 算法求任意两个顶点之间的距离，需要定义一维数组 distTo，用来存储起点到其余各个顶点的最短路径，规定起点为 s，初始化时，设置 distTo[s]=0，起点到其余各个顶点 i 的值设置为无穷大，即 distTo[i]=float('Inf')。以任意次序松弛图中的所有 E 条边，重复 V 轮。其中，第 k 轮执行完后，distTo[i]是从起点 s 到终点 i 只经过 k 条边的最短路径的长度。V 轮松弛结束后，判断是否存在负权回路，如果存在，则最短路径没有意义。

V8-10
Bellman-
Ford 算法

在 V 轮松弛完成后，如果没有负权回路存在，则对于任意边 edge: $v{\rightarrow}w$ 必然有 distTo[v]+edge.weight $\geqslant$ distTo[w]，因为经过 V 轮松弛，当前的 distTo[v]肯定是最短路径，如果 V 轮后还存在 distTo[v]+edge.weight <distTo[w]，则说明 distTo[w]无法收敛到最小值，即围着环绕圈子，可以使得路径越来越短，这表明存在着负权回路。

2. 代码实现

（1）边 Edge 类的代码实现如下。

```
class Edge(object):
    def __init__(self, adjVex, weight):
        self.adjVex = adjVex
        self.weight = weight
        self.nextEdge = None
```

（2）顶点 Vertex 类的代码实现如下。

```
class Vertex(object):
    def __init__(self, data):
        self.data = data
        self.firstEdge = None
```

（3）邻接表 LinkedGraph 类的代码实现如下。

```
class LinkedGraph(object):
```

```python
def __init__(self, vertexs, edges):
    '''
    :Desc
        构造邻接表
    :param
        vers: 顶点集
        edges: 边集
    '''
    self.vertexLen = len(vertexs)
    self.edgeLen = len(edges)
    self.listVex = [Vertex for i in range(self.vertexLen)]
    # 构造表头数组
    self.__addVertex(vertexs)
    # 添加边节点到图中
    self.__addEdge(edges)

def __addVertex(self, vertexs):
    '''
    :Desc
        构造表头数组
    :param
        vertexs: 顶点集
    '''
    for i in range(self.vertexLen):
        self.listVex[i] = Vertex(vertexs[i])

def __addEdge(self, edges):
    '''
    :Desc
        添加边节点到图中
    :param
        edges: 边集
    '''
    for i in range(self.edgeLen):
        # 获取边的起始顶点在表头数组中的下标值
        headVexIndex = self.getPosition(edges[i][0])
        # 获取边的终止顶点在表头数组中的下标值
        tailVexIndex = self.getPosition(edges[i][1])
        weight = edges[i][2]
        # 将该边连接到其依附的点上
        edge = Edge(tailVexIndex, weight)
        # 如果起始顶点没有其他边依附
        if self.listVex[headVexIndex].firstEdge is None:
            self.listVex[headVexIndex].firstEdge = edge
```

```
                # 如果起始顶点已经有其他边依附了
            else:
                self.__linkLast(self.listVex[headVexIndex].firstEdge, edge)

    def __linkLast(self, firstEdge, newEdge):
        '''
        :Desc
            将新的边添加到顶点 v 的邻接表的表尾
        :param
            firstEdge:依附在顶点 v 的第一条边
            newEdge:新的边
        '''
        p = firstEdge
        while p.nextEdge:
            p = p.nextEdge
        p.nextEdge = newEdge

    def getPosition(self, v):
        '''
        :Desc
            获取顶点在顶点数组中的下标值
        :param
            v:顶点
        :return
            如果数组中存在顶点 v，则返回顶点 v 在顶点数组中的下标值
            否则返回-1
        '''
        for i in range(self.vertexLen):
            if self.listVex[i].data is v:
                return i
        return -1
```

（4）Bellman-Ford 算法的代码实现如下。

```
class BellmanFord(object):
    def __init__(self, graph, s):
        vertexNum = len(graph.listVex)
        # 存储起点到其余各个顶点的最短距离
        self.distTo = [float('Inf') for i in range(vertexNum)]
        # 存储起点到其余顶点的最短路径的最后一条路径
        # 如顶点 0 到顶点 4 的最短路径为<0,1>、 <1,5>、 <5,4>, dist[4]存储的就是弧
        # <5,4>
        self.edgeTo = [[] for i in range(vertexNum)]
        # 将起点到起点的最短距离赋值为 0
        self.distTo[s] = 0
        # 判断图中是否含负权环
```

```
        self.hasNegativeCycle = False

        # 对图中的顶点进行松弛操作
        for i in range(vertexNum):
            for j in range(vertexNum):
                self.relax(j)

        # 对所有顶点进行松弛操作后，判断是否含有负权环
        for i in range(vertexNum):
            edge = graph.listVex[i].firstEdge
            while edge:
                w = graph.listVex[edge.adjVex].data
                if self.distTo[i]+ edge.weight < self.distTo[w]:
                    self.hasNegativeCycle = True
                edge = edge.nextEdge

def relax(self, s):
    '''
    :Desc
        利用顶点 s 作为中转点进行松弛
    :param
        s:顶点 s
    '''
    edge = graph.listVex[s].firstEdge
    while edge:
        w = graph.listVex[edge.adjVex].data
        if self.distTo[s]+edge.weight < self.distTo[w]:
            self.distTo[w] = self.distTo[s] + edge.weight
            self.edgeTo[w] = [s, w]
        edge = edge.nextEdge

def pathTo(self, v):
    '''
    :Desc
        打印起点到顶点 v 的最短路径，用列表存储该最短路径
    :param
        v: 顶点 v
    :return: 返回最短路径列表
    '''
    if self.distTo[v] is not float('Inf'):
        path = list()
        e = self.edgeTo[v]
        while e:
            path.insert(0,e)
            e = self.edgeTo[e[0]]
```

```
                    return path
                return None

    def hasNegativeCycle(self):
        '''
        :Desc
            判断是否含有负权环
        :return: 若有负权环返回 True, 否则返回 False
        '''
        return self.hasNegativeCycle
```

（5）若给出的边集和顶点集构成的图含有负权值，测试 Bellman-Ford 算法，代码实现如下。

```
if __name__=='__main__':
    vertexs=[0,1,2,3]
    edges=[[0,1,-9],[1,2,5],[2,0,2],[0,3,4],[2,3,6]]
    graph = LinkedGraph(vertexs, edges)
    start = 0
    bellmanFord = BellmanFord(graph, start)

    if bellmanFord.hasNegativeCycle:
        print("路径中存在负权环")
    else:
        start = 0
        bf = BellmanFord(graph, start)
        for i in range(len(vertexs)):
            if i == start:
                continue
            print("%d to %d 最小权值为%2d;路径为%s"%(start, i, bf.distTo[i],
bf.pathTo(i)))
```

结果显示如下。

路径中存在负权环

（6）若给出的边集和顶点集构成的图中不含负权边，测试 Bellman-Ford 算法，代码实现如下。

```
if __name__=='__main__':
    vertexs=[0,1,2,3]
    edges=[[0,1,9],[1,2,5],[2,0,2],[0,3,4],[2,3,6]]
    # edges=[[0,1,-9],[1,2,5],[2,0,2],[0,3,4],[2,3,6]]
    graph = LinkedGraph(vertexs, edges)
    start = 0
    bellmanFord = BellmanFord(graph, start)

    if bellmanFord.hasNegativeCycle:
        print("路径中存在负权环")
    else:
```

```
        start = 0
        bf = BellmanFord(graph, start)
        for i in range(len(vertexs)):
            if i == start:
                continue
            print("%d to %d 最小权值为%2d;路径为%s"%(start, i, bf.distTo[i],
bf.pathTo(i)))
```

结果显示如下。

```
0 to 1 最小权值为 9;路径为[[0,1]]

0 to 2 最小权值为 14;路径为[[0,1],[1,2]]

0 to 3 最小权值为 4;路径为[[0,3]]
```

8.6 拓扑排序

拓扑排序是一种针对有向无环图的所有顶点进行排序的算法。拓扑排序需要满足两个条件: 一个是每个顶点出现且只出现一次; 另一个是对于任意一对顶点 v_i、v_j, 若存在边 $<v_i,v_j> \in E$, E 为图 G 的边集, 则在拓扑序列中顶点 v_i 出现在顶点 v_j 的前面。

V8-11 拓扑
排序

1. 算法流程

步骤 1: 构建一个队列来存储入度为 0 的顶点, 找出图中所有入度为 0 的顶点, 将这些顶点入队。

步骤 2: 队首顶点出队, 在图中删除队首顶点和所有以它为起点的有向边, 如果发现度为 0 的顶点, 则加入队列。

步骤 3: 重复步骤 2, 直至删除图中所有顶点。

2. 算法示例

以图 8-79 所示的有向无权图为例, 记为图 G, G 有 7 个顶点, 对该图的顶点进行拓扑排序。

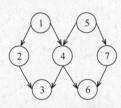

图 8-79 有向无权图

首先, 构建一个空队列 q 和一个数组 arr, 队列 q 的作用是存储入度为 0 的顶点, 数组 arr 的作用是存储拓扑序列。

其次, 遍历 G 中的所有顶点, 将入度为 0 的顶点入队, $q=[1,5]$。现在队首元素为 1, 将队首元素出队, 更新队列, $q=[5]$, 在 G 中删除顶点 1。如图 8-80 所示, 将顶点 1 添加到数组 arr 中, 更新 arr, arr=[1]。遍历顶点 1 的邻接点, 将顶点 1 的邻接点的入度减 1。判断顶点 1 的邻接点的入度是否为 0, 如果入度为 0, 则入队; 否则不入队。遍历之后发现,顶点 2 的入度为 0，将顶点 2 入队，更新 q，q=[5,2]。

再次，将队首元素 5 出队，在 G 中删除顶点 5，如图 8-81 所示。将顶点 5 添加到数组 arr 中，更新数组 arr，arr=[1,5]。遍历顶点 5 的邻接点，顶点 5 的所有邻接点的入度减 1。顶点 4、顶点 7 的入度为 0，因此将顶点 4、顶点 7 入队，更新队列 q，q=[2,4,7]。

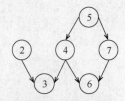

图 8-80　删除顶点 1

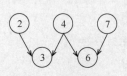

图 8-81　删除顶点 5

最后，重复上面的步骤，直至 G 中不存在顶点，拓扑排序结束，最终得到拓扑序列 arr=[1,5,2,4,7,3,6]。

有向无权图的拓扑序列有多种，这里得出的拓扑序列只是其中一种，读者可自己推导出其他拓扑序列。拓扑序列只适用于有向无环图，若是图中存在环，则拓扑序列将不起作用，因为图中部分顶点的入度永远不会为 1。

3. 代码实现

（1）顶点 Vertex 类的代码实现如下。

```python
class Vertex(object):
    def __init__(self, data):
        self.data = data
        self.firstEdge = None
```

（2）边 Edge 类的代码实现如下。

```python
class Edge(object):
    def __init__(self, adjVex):
        self.adjVex = adjVex
        self.nextEdge = None
```

（3）队列 Queue 类的代码实现如下。

```python
class Queue:
    def __init__(self):
        self.items = []

    def isEmpty(self):
        return self.items == []

    def push(self, item):
        self.items.insert(0, item)

    def pop(self):
        return self.items.pop()

    def peek(self):
        return self.items[len(self.items)-1]
```

（4）有向无权图类 Linked Graph 的代码实现如下。

```python
class LinkedGraph(object):
    def __init__(self, vertexs, edges):
        '''
        :Desc
                构造邻接表
        :param
                vers: 顶点集
                edges: 边集
        '''
        self.vertexLen = len(vertexs)
        self.edgeLen = len(edges)
        self.listVex = [Vertex for i in range(self.vertexLen)]
        # 构造表头数组
        self.__addVertex(vertexs)
        # 添加边节点到图中
        self.__addEdge(edges)

    def __addVertex(self, vertexs):
        '''
        :Desc
                构造表头数组
        :param
                vertexs: 顶点集
        '''
        for i in range(self.vertexLen):
            self.listVex[i] = Vertex(vertexs[i])

    def __addEdge(self, edges):
        '''
        :Desc
                添加边节点到图中
        :param
                edges:边集
        '''
        for i in range(self.edgeLen):
            # 获取边的起始顶点在表头数组中的下标值
            headVexIndex = self.__getPosition(edges[i][0])
            # 获取边的终止顶点在表头数组中的下标值
            tailVexIndex = self.__getPosition(edges[i][1])
            # 将该边连接到其依附的点上
            edge = Edge(tailVexIndex)
            # 如果起始顶点没有其他边依附
```

```
            if self.listVex[headVexIndex].firstEdge is None:
                self.listVex[headVexIndex].firstEdge = edge
            # 如果起始顶点已经有其他边依附了
            else:
                self.__linkLast(self.listVex[headVexIndex].firstEdge, edge)

    def __linkLast(self, firstEdge, newEdge):
        '''
        :Desc
            将新的边添加到顶点 v 的邻接表的表尾
        :param
            firstEdge:依附在顶点 v 的第一条边
            newEdge:新的边
        '''
        p = firstEdge
        while p.nextEdge:
            p = p.nextEdge
        p.nextEdge = newEdge

    def __getPosition(self, v):
        '''
        :Desc
            获取顶点在顶点数组中的下标值
        :param
            v:顶点
        :return
            如果数组中存在顶点 v，则返回顶点 v 在顶点数组中的下标值
            否则返回-1
        '''
        for i in range(self.vertexLen):
            if self.listVex[i].data is v:
                return i
        return -1
```

（5）拓扑排序的代码实现如下。

```
class topoLogicalSort(object):
    def __init__(self,graph):
        self.queue = Queue()
        self.ins = [0 for i in range(graph.vertexLen)]
        # 拓扑序列
        self.top = [0 for i in range(graph.vertexLen)]
        self.__topoLogicalSort()

    def __topoLogicalSort(self):
        '''
```

```
        :Desc
            拓扑排序
        '''

        # 计算所有顶点的入度数
        for i in range(graph.vertexLen):
            edge = graph.listVex[i].firstEdge
            while edge:
                self.ins[edge.adjVex]+=1
                edge = edge.nextEdge

        # 如果顶点入度为 0，则将该顶点入队，实际上是将顶点的下标值入队
        for i in range(graph.vertexLen):
            if self.ins[i] is 0:
                self.queue.push(i)
        index = 0
        # 如果队列不为空
        while not self.queue.isEmpty():
            # 将队首出队
            j = self.queue.pop()
            # 将入度为 0 的节点添加到拓扑序列中
            self.top[index] = graph.listVex[j].data
            index += 1
            # 获取以该节点为弧头的边
            edge = graph.listVex[j].firstEdge
            while edge :
                # 删除依附在入度为 0 的顶点的边，弧尾减 1
                self.ins[edge.adjVex]-=1
                # 弧尾减 1 后，若其入度也为 0，则将其入队
                if self.ins[edge.adjVex] == 0:
                    self.queue.push(edge.adjVex)
                edge = edge.nextEdge
        if index != graph.vertexLen:
            print("有环")
        else:
            for i in range(graph.vertexLen):
                print(self.top[i],end=" ")
```

（6）调试程序，代码实现如下。

```
if __name__ == '__main__':
    vers=[1,2,3,4,5,6]
    edges = [[1,2],[1,3],[1,4],[3,2],[3,4],
             [2,5],[3,5],[3,6],[4,6]]
    graph = LinkedGraph(vers, edges)
    t = topoLogicalSort(graph)
```

结果显示如下。

```
1 3 2 4 5 6
```

8.7 AOE 网和关键路径

拓扑排序主要用来解决一个工程能否顺序进行的问题，如果要得到工程的最短完成时间，就要分析它们的拓扑关系，并且找到当中最关键的流程，这个流程的时间就是最短时间。

8.7.1 AOE 网

在一个表示工程的带权有向图中，用顶点表示事件，用有向边表示活动，用边的权值表示活动的持续时间，这种有向图的边表示活动的网，称为 AOE 网（Activity On Edge Network）。

其基本术语如下。

1．活动

图中的边通常被称为活动。

2．持续时间

边的权值表示该活动的持续时间。

3．事件

图中的顶点被称为事件。

4．源点

源点表示整个工程的开始，是最早活动的起点，它只有出边，没有入边。

5．汇点

汇点表示整个工程的结束，是最后活动的终点，只有入边，没有出边。

图 8-82 所示为一个 AOE 网，其中，顶点 v_0 是源点，表示工程的开始；顶点 v_7 是汇点，表示工程的结束；顶点 v_0、v_1、…、v_7 表示事件；弧<0,1>表示活动 a_1，以事件 v_0 为起点，以事件 v_1 为终点，持续时间为 5。该 AOE 网的源点为事件 v_0，汇点为事件 v_7，它们分别表示整个工程的开始和结束。

AOE 网有两个重要性质：一是只有在某顶点所代表的事件发生后，从该顶点出发的各活动才能开始；二是只有在进入某顶点的各活动都结束后，该顶点所代表的事件才能发生。

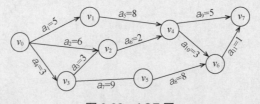

图 8-82　AOE 网

8.7.2 求解关键路径

关键路径是指 AOE 网中从源点到汇点路径最长的路径，这里的路径长度是指路径上各个活动持续时间之和。在 AOE 网中，有些活动是可以并行执行的，关键路径其实就是完成工程的最短时间所经过的路径。

1．事件的最早发生时间

从源点到顶点 v_i 的最长路径长度称为事件 v_i 的最早发生时间，一般记作 ve[i]，源点 ve[0]=0，dut($<k,i>$)表示边$<k,i>$的权值，即边$<k,i>$所代表的活动持续时间为 dut($<k,j>$)。P 表示 v_i 顶点所有入边的集合。在 AOE 网中，求解各个事件 v_i 的最早发生时间时，可按照拓扑排序的顺序递推得到。

$$ve[i]=\max\{ve[k]+dut(<k,i>)\}(1\leqslant i\leqslant n-1,<k,i>\in P)$$

对于图 8-82 所示的 AOE 网，可以求出每个事件的最早发生时间，如表 8-8 所示。

表 8-8　事件的最早发生时间

事件	最早发生时间
事件 v_0	0
事件 v_1	5
事件 v_2	6
事件 v_3	3
事件 v_4	13
事件 v_5	12
事件 v_6	20
事件 v_7	21

2．事件的最迟发生时间

在保证整个工程完成的前提下，活动必须最迟的开始时间称为事件的最迟发生时间。在有 n 个事件的 AOE 网中，求解事件 v_i 的最迟发生时间是从汇点开始，向源点推进得到的。其中，用 vl[i]表示顶点 v_i 事件的最迟发生时间，用 dut($<i,k>$)表示边$<i,k>$代表活动的持续时间，用 S 表示 v_j 顶点的所有出边的集合，vl[$n-1$]=ve[$n-1$]。在 AOE 网中，求解各个事件 v_i 的最迟发生时间时，可按照拓扑排序的逆序递推算出。

$$vl[i]=\min\{ve[k]-dut(<i,k>)\}(1\leqslant i<n-1,<i,k>\in S)$$

对于图 8-82 所示的 AOE 网，可以求出每个事件的最迟发生时间，如表 8-9 所示。

表 8-9　事件的最迟发生时间

事件	最迟发生时间
事件 v_0	0
事件 v_1	8
事件 v_2	14
事件 v_3	3
事件 v_4	16

事件	最迟发生时间
事件 v_5	12
事件 v_6	20
事件 v_7	21

3. 活动的最早开始时间

弧 $<v_k,v_j>$ 表示活动 a_i，当事件 v_k 发生之后，活动 a_i 才开始。因此，事件 v_k 的最早发生时间也就是活动 a_i 的最早开始时间，记为 $e[i]$，计算公式为 $e[i]=ve[k]$。

4. 活动的最迟开始时间

在不推迟整个工程完成时间的基础上，活动 a_i 最迟必须开始的时间称为活动的最迟开始时间。如果弧 $<v_k,v_j>$ 表示活动 a_i，持续时间为 $dut(<k,j>)$，则活动 a_i 的最迟开始时间为 $l[i]=vl[j]-dut(<k,j>)$。

根据活动的最早、最迟开始时间公式可以计算出图 8-82 所示 AOE 网中各个活动 a_i 的最早开始时间 $e[i]$、最迟开始时间 $l[i]$ 及其开始时间余量 $l[i]-e[i]$，如表 8-10 所示。

表 8-10　图 8-82 所示 AOE 网中各个活动的最早、最迟开始时间及其开始时间余量

活动	活动的最早开始时间	活动的最迟开始时间	开始时间余量
a_1	0	3	3
a_2	0	8	8
a_3	3	11	8
a_4	0	0	0
a_5	5	8	3
a_6	6	14	8
a_7	3	3	0
a_8	12	12	0
a_9	13	16	3
a_{10}	13	17	4
a_{11}	20	20	0

在表 8-10 中，有些活动的开始时间余量不为 0，表示这些活动不在最早开始时间开始，至多向后拖延相应的开始时间余量所规定的时间开始也不会延误整个工程的进展。例如，对于活动 a_1，它可以从整个工程开工后的第 3 天开始，开始时间至多向后拖延 3 天。有些活动的开始时间余量为 0，表明这些活动只能在最早开始时间开始，并且必须在持续时间内按时完成，否则将拖延整个工期。开始时间余量为 0 的活动称为关键活动，由关键活动所形成的从源点到汇点的每一条路径称为关键路径，如图 8-83 所示。

求解关键路径的算法流程如下：

步骤 1：先求出 AOE 网的一个拓扑排序，记为 TSort；

步骤 2：按照拓扑排序 TSort 的顺序依次计算每个事件（顶点）的最早发生时间，从而算出事件（顶点）发出的活动的最早开始时间；

步骤 3：按照拓扑排序 TSort 的逆序依次计算每个事件（顶点）的最迟发生时间，从而算出进入该事件（顶点）活动的最迟开始时间；

步骤 4：抽取出关键活动（边）和相关的事件（顶点）形成关键路径。

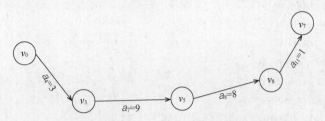

图 8-83　图 8-82 中 AOE 网的关键路径

（1）队列 Queue 类的代码实现如下。

```
class Queue:
    def __init__(self):
        self.items = []

    def isEmpty(self):
        return self.items == []

    def push(self,item):
        self.items.insert(0,item)

    def pop(self):
        return self.items.pop()

    def peek(self):
        return self.items[len(self.items)-1]
```

（2）栈 Stack 类的代码实现如下。

```
class Stack(object):
    def __init__(self):
        self.items=[]

    def isEmpty(self):
        return self.items == []

    def push(self,item):
        self.items.append(item)

    def pop(self):
        return self.items.pop()
```

```
    def peek(self):
        return self.items[0]
```

（3）边节点 Edge 类的代码实现如下。

```
class Edge(object):
    def __init__(self,adjVex,weight):
        self.adjVex = adjVex
        self.weight = weight
        self.nextEdge = None
```

（4）顶点 Vertex 类的代码实现如下。

```
class Vertex(object):
    def __init__(self,data):
        self.data = data
        self.firstEdge = None
```

（5）邻接表 LinkedGraph 类的代码实现如下。

```
class LinkedGraph(object):
    def __init__(self, vertexs, edges):
        '''
        :Desc
                构造邻接表
        :param
                vers: 顶点集
                edges: 边集
        '''
        self.vertexLen = len(vertexs)
        self.edgeLen = len(edges)
        self.listVex = [Vertex for i in range(self.vertexLen)]
        # 构造表头数组
        self.__addVertex(vertexs)
        # 添加边节点到图中
        self.__addEdge(edges)

    def __addVertex(self, vertexs):
        '''
        :Desc
                构造表头数组
        :param
                vertexs: 顶点集
        '''
        for i in range(self.vertexLen):
            self.listVex[i] = Vertex(vertexs[i])

    def __addEdge(self,edges):
        '''
```

```
    :Desc
        添加边节点到图中
    :param
        edges: 边集
    '''
    for i in range(self.edgeLen):
        # 获取边的起始顶点在表头数组中的下标值
        headVexIndex = self.__getPosition(edges[i][0])
        # 获取边的终止顶点在表头数组中的下标值
        tailVexIndex = self.__getPosition(edges[i][1])
        weight = edges[i][2]
        # 将该边连接到其依附的点上
        edge = Edge(tailVexIndex,weight)
        # 如果起始顶点没有其他边依附
        if self.listVex[headVexIndex].firstEdge is None:
            self.listVex[headVexIndex].firstEdge = edge
        # 如果起始顶点已经有其他边依附了
        else:
            self.__linkLast(self.listVex[headVexIndex].firstEdge, edge)

def __linkLast(self, firstEdge, newEdge):
    '''
    :Desc
        将新的边添加到顶点 v 的邻接表的表尾
    :param
        firstEdge:依附在顶点 v 的第一条边
        newEdge:新的边
    '''
    p = firstEdge
    while p.nextEdge:
        p = p.nextEdge
    p.nextEdge = newEdge

def __getPosition(self, v):
    '''
    :Desc
        获取顶点在顶点数组中的下标值
    :param
        v:顶点
    :return
        如果数组中存在顶点 v, 则返回顶点 v 在顶点数组中的下标值
        否则返回-1
    '''
    for i in range(self.vertexLen):
```

```
            if self.listVex[i].data is v:
                return i
        return -1
```

（6）关键路径 criticalPath 类的代码实现如下。

```python
class criticalPath(object):
    def __init__(self,graph):
        self.queue = Queue()
        self.stack = Stack()
        # 存储关键路径序列
        self.cp = list()
        self.cp.append(graph.listVex[0].data)
        # 存储各节点的入度
        self.ins = [0 for i in range(graph.vertexLen)]
        # 存储各事件的最早发生时间
        self.ve = [0 for i in range(graph.vertexLen)]
        # 存储各事件的最迟发生时间
        self.vl = [0 for i in range(graph.vertexLen)]
        self.__criticalPath()

    def __findInDegree(self):
        '''
        :Desc
            计算所有顶点的入度数
        '''
        for i in range(graph.vertexLen):
            edge = graph.listVex[i].firstEdge
            while edge:
                self.ins[edge.adjVex] += 1
                edge = edge.nextEdge

    def __topoLogicalSort(self):
        '''
        :Desc
            拓扑排序，获得拓扑序列并且计算事件的最早开始时间
        '''
        # 计算所有顶点的入度数
        self.__findInDegree()
        # 如果顶点入度为 0，则将该顶点入队，实际上是将顶点下标值入队
        for i in range(graph.vertexLen):
            if self.ins[i] is 0:
                self.queue.push(i)

        count = 0
        # 如果队列不为空
```

```
    while not self.queue.isEmpty():
        # 将队首出队
        i = self.queue.pop()
        self.stack.push(i)
        count += 1
        # 获取以该节点为弧尾的边
        edge = graph.listVex[i].firstEdge
        while edge :
            w = edge.adjVex
            # 删除依附在入度为 0 的顶点上的边, 弧头减 1
            self.ins[edge.adjVex]-=1
            # 弧头减 1 后, 若其入度也为 0, 则将其入队
            if self.ins[edge.adjVex] == 0:
                self.queue.push(edge.adjVex)
            # 计算事件最早发生时间
            if self.ve[i]+edge.weight > self.ve[w]:
                self.ve[w] = self.ve[i] + edge.weight
            edge = edge.nextEdge


    # 如果该图为有环图, 则无法求解关键路径
    if count != graph.vertexLen:
        return False
    else:
        return True


def __criticalPath(self):
    # 若为有向图, 则会出现环路
    if not self.__topoLogicalSort():
        return False


    # 初始化各事件的最迟发生时间
    for i in range(graph.vertexLen):
        self.vl[i] = self.ve[graph.vertexLen-1]


    # 计算各事件的最迟发生时间
    while not self.stack.isEmpty():
        i = self.stack.pop()
        edge = graph.listVex[i].firstEdge
        while edge:
            k = edge.adjVex
            weight = edge.weight
            if self.vl[k] - weight < self.vl[i]:
                self.vl[i] = self.vl[k] - weight
            edge = edge.nextEdge
```

数据结构（Python 语言描述）（微课版）

（7）调试 criticalPath 类，代码实现如下。

```
if __name__ == '__main__':
    vers=[1,2,3,4,5,6,7]
    edges = [[1,2,3],[1,3,4],[2,4,8],[3,4,9],[4,5,7],
             [3,6,3],[5,7,5],[6,7,2]]
    graph = LinkedGraph(vers, edges)
    cripath = criticalPath(graph)

    for i in range(graph.vertexLen):
        edge = graph.listVex[i].firstEdge
        while edge:
            k = edge.adjVex
            weight = edge.weight
            ee = cripath.ve[i]
            el = cripath.vl[k] - weight
            if ee == el:
                cripath.cp.append(graph.listVex[k].data)
            print("事件 %s->%s, 最早开始时间：%d, 最晚开始时间：%d " %
(graph.listVex [i].data, graph.listVex[k].data, ee, el))
            edge = edge.nextEdge
    print("关键路径序列为：%s" % cripath.cp)
```

结果显示如下。

```
事件 1->2, 最早开始时间： 0, 最晚开始时间： 2
事件 1->3, 最早开始时间： 0, 最晚开始时间： 0
事件 2->4, 最早开始时间： 3, 最晚开始时间： 5
事件 3->4, 最早开始时间： 4, 最晚开始时间： 4
事件 3->6, 最早开始时间： 4, 最晚开始时间：20
事件 4->5, 最早开始时间：13, 最晚开始时间：13
事件 5->7, 最早开始时间：20, 最晚开始时间：20
事件 6->7, 最早开始时间： 7, 最晚开始时间：23
关键路径序列为：[1,3,4,5,7]
```

8.8 小结

V8-12　AOE
网络

图是一种多对多的数据结构，每个顶点元素都有任意多个前驱元素和任意多个后继元素。对于无向图，每个顶点的邻接点既是前驱元素，又是后继元素。对于有向图，每个顶点的入边邻接点是它的前驱元素，每个顶点的出边邻接点是它的后继元素。

图的遍历方式包括深度优先遍历和广度优先遍历。深度优先遍历是访问一个顶点之后就访问它的下一个邻接点，广度优先遍历是每个顶点访问完其所有的邻接点之后才结束这个顶点的访问。

连通图的生成树含有该图的全部 n 个顶点和 $n-1$ 条边，其中权值最小的生成树称为最小生成树。求最小生成树有两种算法，分别是 Prim 算法和 Kruskal 算法。

求顶点中的最短路径的算法有 Dijkstra 算法、Floyd 算法和 Bellman-Ford 算法。Dijkstra 算法能求解边权值非负的加权有向图的单点最短路径，Floyd 算法可以求解多源最短路径，Bellman-Ford 算法可以求解单源最短路径，它们都可以处理负权边，但是不能处理负权回路。

AOE 网可以刻画工程的事件、活动和关键路径。求解 AOE 网的关键路径时，首先要求出一个拓扑排序。

8.9　习题

1. 采用邻接表存储的图的深度优先遍历算法类似于二叉树的（　　　）。
    A. 先序遍历　　　　B. 中序遍历　　　　C. 后序遍历　　　　D. 按层遍历

2. 设有向无环图 G 中的有向边集合 $E=\{<1,2>,<2,3>,<3,4>,<1,4>\}$，则下列属于该有向图 G 的一种拓扑排序序列的是（　　　）。
    A. 1,2,3,4　　　　B. 2,3,4,1　　　　C. 1,4,2,3　　　　D. 1,2,4,3

3. 设有 6 个节点的无向图，该图至少应有（　　　）条边才能确保是一个连通图。
    A. 5　　　　　　　B. 6　　　　　　　C. 7　　　　　　　D. 8

4. 在有向图 G 的拓扑序列中，若顶点 v_i 在顶点 v_j 之前，则下列情形不可能出现的是（　　　）。
    A. G 中有弧 $<v_i,v_j>$
    B. G 中有一条从 v_i 到 v_j 的路径
    C. G 中没有弧 $<v_i,v_j>$
    D. G 中有一条从 v_j 到 v_i 的路径

5. 无向图 $G=(V,E)$，其中，$V=\{a,b,c,d,e,f\}$，$E=\{(a,b),(a,e),(a,c),(b,e),(c,f),(f,d),(e,d)\}$，对该图进行深度优先遍历，得到的顶点序列正确的是（　　　）。
    A. a,b,e,c,d,f　　　B. a,c,f,e,b,d　　　C. a,e,b,c,f,d　　　D. a,e,d,f,c,b

6. 在一个无向图中，所有顶点的度数之和等于边数的（　　　）倍。
    A. 3　　　　　　　B. 2.5　　　　　　C. 1.5　　　　　　D. 2

7. 求解最短路径的 Floyd 算法的时间复杂度为（　　　）。
    A. $O(n)$　　　　　B. $O(n+C)$　　　　C. $O(n×n)$　　　　D. $O(n×n×n)$

8. 如果从无向图的任一顶点出发进行一次图遍历即可访问所有顶点，则该图一定是（　　　）。
    A. 完全图　　　　B. 连通图　　　　C. 有回路　　　　D. 一棵树

9. 邻接表存储图所用的空间大小（　　　）。
    A. 与图的顶点数和边数都有关
    B. 只与图的边数有关
    C. 只与图的顶点数有关
    D. 与边数的平方有关

10. 连通网的最小生成树是其所有生成树中（　　　）。
    A. 顶点集最小的生成树
    B. 边集最小的生成树
    C. 顶点权值之和最小的生成树
    D. 边的权值之和最小的生成树

第 9 章　排序

学习目标

- 了解各种排序的基本概念和性质。
- 掌握直接插入排序、冒泡排序、直接选择排序的基本思想和排序过程。
- 重点掌握快速排序和堆排序的基本思想、排序过程和性能分析。
- 掌握各种排序算法的稳定性，以及时间和空间复杂度。

把一个无序序列按照元素的关键字递增或递减排列为有序的序列，称为排序。其中，按照元素的关键字递增排序的序列称为升序序列，按照元素的关键字递减排序的序列称为降序序列。

当序列 A 中存在两个或两个以上的关键字相等时，若采用的排序的方法使它们在排序前后的相对次序不变，则称此排序方式是稳定的，否则称为不稳定的。例如，序列中存在两个关键字相等 $A[i]=A[j]$，$i<j$，即关键字 $A[i]$ 在关键字 $A[j]$ 前面，排序后，$A[i]$ 依然在 $A[j]$ 的前面，就称该排序方式是稳定的。

V9-1　直接
插入排序

排序一般是为了实现快速查找。对于有 n 个元素的无序序列，若要查找某个元素，则其时间复杂度为 $O(n)$；若在排序后的基础上进行二分查找，则其时间复杂度可以提高到 $O(\log n)$。

9.1　插入排序

插入排序主要包括直接插入排序和希尔排序两种算法。

9.1.1　直接插入排序

1. 算法流程

直接插入排序将待排序序列 arr={$a_0,a_1,\cdots,a_i,\cdots a_{n-1}$} 的 n 个元素分为一个有序序列和一个无序序列。

步骤 1：初始时，有序序列只包括一个元素 {a_0}，无序序列有 $n-1$ 个元素 {$a_1,a_2,\cdots,a_{n-1}$}。

步骤 2：在排序的过程中，每次从无序序列中取出一个元素，将其插入到有序序列的合适位置，使之成为新的有序序列。

步骤 3：重复步骤 2，直至无序序列为空，算法结束。

2. 算法示例

为了更好地理解插入排序的执行流程，这里给出一个例子。对于数组 arr=[6,3,7,1,9,4,2]，数组中包含了一组无序的数据，这里分析如何使用直接插入排序。

第一趟排序，规定数组中第一个元素是已排序的，即有序序列为{6}，将数组第 2 个数据元素 3 插入数组中已排序的序列的合适位置，插入后，有序序列为{3,6}，如图 9-1 所示。

```
arr    {3} 6  7  1  9  4  2

arr    {3,6}  7  1  9  4  2
```

图 9-1　直接插入排序第一趟排序

第二趟排序，将数组中第 3 个数据元素 7 插入数组中已排序的序列{3,6}的合适位置，插入后，有序序列为{3,6,7}，如图 9-2 所示。

```
arr    {3 , 6}  7  1  9  4  2

arr    {3 , 6 , 7}  1  9  4  2
```

图 9-2　直接插入排序第二趟排序

第三趟排序，将数组中第 4 个数据元素 1 插入已排序的序列{3,6,7}的合适位置，插入后，有序序列为{1,3,6,7}，如图 9-3 所示。

```
arr    {3 , 6 , 7}  1  9  4  2

arr    {1 , 3 , 6 , 7}  9  4  2
```

图 9-3　直接插入排序第三趟排序

第四趟排序，将数组中第 5 个数据元素 9 插入已排序的序列{1,3,6,7}的合适位置，插入后，有序序列为{1,3,6,7,9}，如图 9-4 所示。

```
arr    {1 , 3 , 6 , 7}  9  4  2

arr    {1 , 3 , 6 , 7 , 9}  4  2
```

图 9-4　直接插入排序第四趟排序

第五趟排序，将数组中第 6 个数据元素 4 插入已排序的序列{1,3,6,7,9}的合适位置，插入后，有序序列为{1,3,4,6,7,9}，如图 9-5 所示。

```
arr    {1 , 3 , 6 , 7 , 9}  4  2

arr    {1 , 3 , 4 , 6 , 7 , 9}  2
```

图 9-5　直接插入排序第五趟排序

第六趟排序，将数据中第 7 个数据元素 2 插入已排序的序列{1,3,4,6,7,9}的合适位置，插入后，有序序列为{1,2,3,4,6,7,9}，如图 9-6 所示。

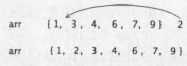

图 9-6　直接插入排序第六趟排序

经过六趟排序，排序结束，得到一个有序序列 arr=[1,2,3,4,6,7,9]。

直接插入排序的时间复杂度的平均情况是 $O(n^2)$，理想情况下，当待排序序列接近有序时，所需要比较和移动的次数较少，其时间复杂度接近 $O(n)$；当待排序序列接近无序时，所需要比较和移动的次数较多，其时间复杂度接近 $O(n^2)$。

3. 算法实现

（1）InsertSort 类的代码实现如下。

```python
class InsertSort(object):
    def __init__(self,items):
        # 待排序的数组
        self.items = items

    def insertSort(self):
        '''
        :Desc
            直接插入排序
        '''
        # 从第二个元素开始排序，规定第一个元素是已排好序的
        for i in range(1,len(self.items)):
            # 获取第 n 个元素
            temp = self.items[i]
            j = i - 1
            # 插入到前面已经排好序的序列的合适位置
            while j >= 0 and temp < self.items[j]:
                self.items[j+1] = self.items[j]
                j -= 1
            self.items[j+1] = temp
```

（2）调试 InsertSort 类，代码实现如下。

```python
if __name__=='__main__':
    arr = [3,6,1,7,4,2,9]
    select = InsertSort(arr)
    select.insertSort()
    print(arr)
```

结果显示如下。

```
[1,2,3,4,6,7,9]
```

9.1.2 希尔排序

希尔排序是插入排序的一种算法，是对直接插入排序的优化，也称缩小增量排序。

1. 算法流程

步骤1：对于 n 个待排序元素的数列，取一个增量 gap=n/2。

步骤2：将待排序元素分成若干个子序列，距离为 gap 倍的元素放在同一个组中。

步骤3：对若干个组内的元素进行直接插入排序，该趟排序完成后，各组内的元素都是有序的。

V9-2　希尔
排序

步骤4：对增量 gap 进行修改，gap = gap/2，重复步骤2、步骤3；直至 gap 的数值为 1（此时为直接插入排序），排序结束。

2. 算法示例

为了帮助读者更好地理解希尔排序的执行流程，这里给出一个例子。对于数组 arr=[6,3,7,1,9,2,4,10]，其中包含了一组无序的数据，对数组 arr 执行希尔排序。

增量 gap 为数组长度的一半，即 gap=4，所以把数组分成 4 组子序列，分别是[6,9]、[3,2]、[7,4]、[1,10]，如图 9-7 所示，对这 4 个子序列进行插入排序。

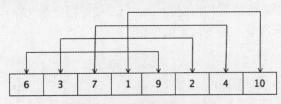

图 9-7　希尔排序第一趟排序

第一趟排序后，各个子序列内部已经排序完成，如图 9-8 所示。

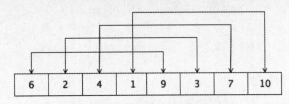

图 9-8　希尔排序第一趟排序完成

现在修改 gap 的数值，gap=gap/2=2，再把整个数组分为 2 个子序列，分别是[6,4,9,7]，[2,1,3,10]，如图 9-9 所示，对这两个子序列进行插入排序。

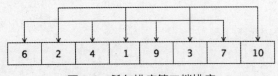

图 9-9　希尔排序第二趟排序

第二趟排序后，各个子序列内部已经排序完成，如图 9-10 所示。

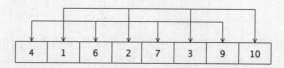

图 9-10　希尔排序第二趟排序完成

继续缩小增量 gap，gap=gap/2=1。此时，整个数组只有一组[4,1,6,2,7,3,9,10]，如图 9-11 所示，对该序列进行插入排序。

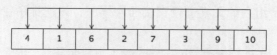

图 9-11　希尔排序第三趟排序

第三趟排序后，数组 arr 排序完成，如图 9-12 所示。

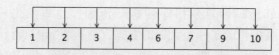

图 9-12　希尔排序第三趟排序完成

希尔排序的时间复杂度的平均情况是 $O(n^{1.3})$，最好情况是 $O(n)$，最坏情况是 $O(n^2)$。相对来说，直接插入排序是一种不稳定的排序。

3. 代码实现

希尔排序 ShellSort 类的代码实现如下。

```python
class ShellSort(object):
    def __init__(self,items):
        self.items = items

    def shellSort(self):
        '''
        :Desc
            希尔排序函数
        :return:
        '''
        if self.items is None or len(self.items) <= 1:
            return
        d = len(self.items)
        while d > 0:
            for i in range(len(self.items)):
                j = i - d
                while j >= 0:
                    if self.items[j] > self.items[j+d]:
                        self.items[j],self.items[j+d]  =  self.items[j+d],
self.items[j]
                    j -= d
            d //= 2
```

测试希尔排序算法，代码实现如下。

```
if __name__=='__main__':
    arr = [3,6,1,7,4,2,9,10]
    shell = ShellSort(arr)
    shell.shellSort()
    print(arr)
```

结果显示如下。

```
[1,2,3,4,6,7,9,10]
```

9.2 选择排序

选择排序主要包括直接选择排序和堆排序两种算法。

9.2.1 直接选择排序

1. 算法流程

步骤 1：从当前未排序序列$\{a_0,a_1,\cdots,a_{n-1}\}$的 n 个元素中选出关键字最小（最大）的元素，存放到排序序列的起始位置。

步骤 2：从剩余未排序元素中继续寻找最小（最大）元素，并存放到已排序序列的末尾。

步骤 3：重复步骤 2，直到所有元素均排序完毕。

V9-3 直接
选择排序

2. 算法示例

为了帮助读者更好地理解选择排序的执行流程，这里给出一个例子。对于数组 arr=[6,3,7,1,9,2,4]，其中包含了一组无序的数据，通过直接选择排序对数组 arr 进行排序。

第一趟排序，从数组中选择最小的数据元素，该元素为 1，将其与第一个数据元素 6 交换，经过第一次排序得到的序列如图 9-13 所示，已排序的序列为{1}。

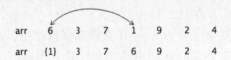

图 9-13 直接选择排序第一趟排序

第二趟排序，从数组剩余的元素中选择最小的数据元素，该元素为 2，将其与第二个数据元素 3 交换，经过第二次排序得到的序列如图 9-14 所示，已排序的序列为{1,2}。

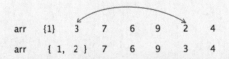

图 9-14 直接选择排序第二趟排序

第三趟排序，从数组剩余的元素中选择最小的数据元素，该元素为 3，将其与第三个数据元素 7 交换，经过第三次排序得到的序列如图 9-15 所示，已排序的序列为{1,2,3}。

第四趟排序，从数组剩余的元素中选择最小的数据元素，该元素为 4，将其与第四个

数据结构（Python 语言描述）（微课版）

数据元素 6 交换，经过第四次排序得到的序列如图 9-16 所示，已排序的序列为{1,2,3,4}。

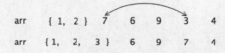

图 9-15　直接选择排序第三趟排序

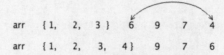

图 9-16　直接选择排序第四趟排序

第五趟排序，从数组剩余的元素中选择最小的数据元素，该元素为 6，将其与第五个数据元素 9 交换，经过第五次排序得到的序列如图 9-17 所示，已排序的序列为{1,2,3,4,6}。

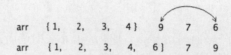

图 9-17　直接选择排序第五趟排序

第六趟排序，从数组剩余的元素中选择最小的数据元素，该元素为 7，刚好 7 位于数组中的第 6 个位置，不用交换，经过第六次排序得到的序列如图 9-18 所示，已排序的序列为{1,2,3,4,6,7}。

```
arr    {1,  2,  3,  4,  6}  7    9
arr    {1,  2,  3,  4,  6,  7}   9
```

图 9-18　直接选择排序第六趟排序

数组 arr 有 7 个数据元素，经过 6 趟排序后，数组的最后一个元素肯定是最大的，排序结束。经过排序后，数组为 arr[1,2,3,4,6,7,9]。

直接选择排序的时间复杂度为 $O(n^2)$。在直接选择排序中，存在着前后元素之间的互换，有可能改变相同关键字元素在序列中的相对位置，所以直接选择排序是一种不稳定的排序。

3. 代码实现

（1）直接选择排序算法的代码实现如下。

```python
class SelectSort(object):
    def __init__(self,items):
        # 待排序的数组
        self.items = items

    def selectSort(self):
        '''
        :Desc
            直接选择排序
```

```
            '''
            # n 轮排序
            for i in range(len(self.items)):
                # 待交换的元素
                index = i
                # 在未排序的序列中选择最小的元素
                for j in range(i+1,len(self.items)):
                    if self.items[j] < self.items[index]:
                        index = j
                # 若最小的元素不是待交换的元素，则两者交换
                if index != i:
                    self.items[i],self.items[index]  =  self.items[index],self.
items[i]
```

（2）测试直接选择排序算法，代码实现如下。

```
if __name__=='__main__':
    arr = [3,6,1,7,4,2,9]
    select = SelectSort(arr)
    select.selectSort()
    print(arr)
```

结果显示如下。

```
[1,2,3,4,6,7,9]
```

9.2.2 堆排序

堆排序利用堆的特性来进行排序。

1. 基本思想

堆排序就是利用堆进行排序的方法，因为堆顶元素是最大（小）值，因此把堆顶元素删除后，利用向下调整操作重新维护成堆，就有了次大（小）值，重复此操作直至全部元素被删除。具体流程如下。

步骤 1：首先，将待排序的数组 arr 构造成一个大（小）根堆。

步骤 2：堆中的最大（小）值就是堆顶根节点，将堆顶根节点与堆的

V9-4 堆排序

末尾元素交换，并将末尾元素从堆中删除（只改变堆大小，不从数组中删除）。然后，从堆顶根节点进行向下调整操作，重新构成一个大（小）根堆。

步骤 3：重复步骤 2，直至堆中所有元素被删除。此时，数组 arr 为升序（降序）序列。

2. 算法示例

算法流程中步骤 2 除交换节点外，还要调用一次从堆顶的向下调整。向下调整的操作数不会超过堆（完全二叉树）的高度，所以一次向下调整时间复杂度为 $O(\log n)$。步骤 2 被执行 n 次，所以堆排序的时间复杂度为 $O(n\log n)$。

应特别注意，堆排序是不稳定排序。序列{9,7,6,1,2,2*,4}的堆初始状态如图 9-19 所示。

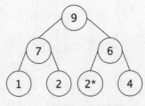

图 9-19 堆排序初始状态

执行一次步骤 2 删除节点 9 并调整完毕后，堆如图 9-20 所示。接着删除节点 7 和节点 6，堆如图 9-21 所示。

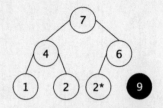

图 9-20　删除节点 9 后的堆

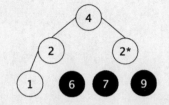

图 9-21　删除节点 7 和节点 6 后的堆

继续删除节点 4 和节点 2，堆如图 9-22 所示。

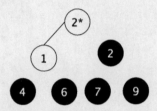

图 9-22　删除节点 4 和节点 2 后的堆

堆排序的最后结果如图 9-23 所示。注意到：节点 2*排在了节点 2 的前面，与初始状态排在节点 2 后面不一样。因此，堆排序是一个不稳定的排序。

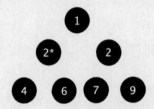

图 9-23　堆排序最后结果

3. 代码实现

（1）堆排序 HeapSort 类的代码实现如下。

```python
class HeapSort(object):
    def __init__(self,items):
        # 待排序数组
        self.items = items

    def heapSort(self):
        '''
        :Desc
            利用堆排序对数组中的元素进行排序
        '''
        # 建立初始堆
        for i in range(len(self.items)//2-1,-1,-1):
            self.adjustHeap(i, len(self.items))
```

```
        # 进行len(self.items)-1次循环,完成堆排序
        for i in range(len(self.items)-1,0,-1):
            # 将根节点的值同当前堆中最后一个节点交换
            self.items[0], self.items[i] = self.items[i], self.items[0]
            self.adjustHeap(0, i - 1)


    def adjustHeap(self,i,len): # 向下调整
        '''
        :Desc
            堆的调整,使之成为大根堆
        :param
            i: 待调整节点在序列中的下标值
            len: 待调整序列的序列长度
        '''

        # 将待调整节点存储在temp中
        temp = self.items[i]
        # 待调整节点的左孩子
        j = 2*i
        while j < len:
            # 处理奇数节点数判断
            if j+1=len:
                bredk
            # 如果待调整节点有右孩子,且其右孩子节点的值大于左孩子节点的值
            if j < len and self.items[j] < self.items[j + 1]:
                j+=1
            # 如果待调整节点大于其较大孩子节点的值
            if temp >= self.items[j]:
                break
            # 如果待调整节点小于其较大孩子节点的值,则两者交换
            self.items[i] = self.items[j]
            # 修改i和j的值,以便继续向下调整
            i = j
            j*=2
    # 被调整节点的值放入最终位置
    self.items[i] = temp
```

（2）测试HeapSort类的代码实现如下。

```
if __name__=='__main__':
    a = [51,46,20,18,65,97,82,30,77,50]
    heap = HeapSort(a)
    heap.heapSort()
```

```
print(a)
```

结果显示如下。

```
[18,20,30,46,50,51,65,77,82,97]
```

9.3 交换排序

交换排序包括冒泡排序和快速排序两种算法。

V9-5 冒泡
排序

9.3.1 冒泡排序

1. 基本思想

从序列起始位置依次对相邻元素进行两两比较，如果两个元素逆序就交换位置，一趟完成后最后的元素就是最大（小）的数；重复执行这个过程，直到所有元素都排好序。

2. 算法示例

为了帮助读者更好地理解冒泡排序的执行流程，这里给出一个例子。对于数组 arr=[6,3,7,1,9,2,4]，其中包含了一组无序的数据，对数组 arr 执行冒泡排序操作，希望得到一个升序的序列。

第一趟排序，比较关键字 6 和关键字 3，关键字 6 大于关键字 3，两者交换，如图 9-24 所示。

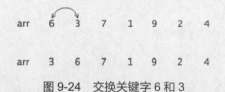

图 9-24 交换关键字 6 和 3

数组 arr 更新为[3,6,7,1,9,2,4]。再比较关键字 6 和关键字 7，关键字 6 小于关键字 7，不用交换位置。继续比较关键字 7 和关键字 1，关键字 7 大于关键字 1，交换位置，如图 9-25 所示。

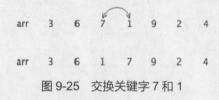

图 9-25 交换关键字 7 和 1

数组 arr 更新为[3,6,1,7,9,2,4]。比较关键字 7 和关键字 9，关键字 7 小于关键字 9，不用交换位置。比较关键字 9 和关键字 2，关键字 9 大于关键字 2，交换位置，如图 9-26 所示。

图 9-26 交换关键字 9 和 2

数组 arr 更新为[3,6,1,7,2,9,4]。最后比较关键字 9 和关键字 4，关键字 9 大于关键字 4，交换位置，如图 9-27 所示。

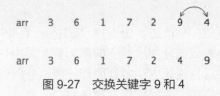

图 9-27　交换关键字 9 和 4

至此完成第一趟排序，找到了当前序列的最大值。现在把数组分成两部分，分别是尚未排序的序列{3,6,1,7,2,4}和已排好的序列{9}，重复以上步骤，对数组中尚未排序的部分进行排序，直至数组 arr 成为有序序列，排序结束。

在理想情况下，即待排序序列为升序，冒泡排序只需要进行一趟排序，比较次数为 $n-1$ 次，且不用移动元素。在最坏情况下，由于冒泡排序较多次数地移动元素，所以效率是比较低下的，时间复杂度为 $O(n^2)$。另外，冒泡排序是稳定排序。

3. 代码实现

（1）冒泡排序算法的代码实现如下。

```python
class BubbleSort(object):
    def __init__(self,items):
        # 待排序的数组
        self.items = items

    def bubbleSort(self):
        '''
        :Desc
            冒泡排序
        '''
        # 如果待排序数组为空
        if self.items is None or len(arr) is 0:
            return
        # n 轮排序
        for i in range(len(self.items)):
            # 每一轮排序后将最大的数值放在后面，排序后的数不参与下一轮的排序
            for j in range(len(self.items)-1-i):
                if self.items[j] > self.items[j+1]:
                    self.items[j],self.items[j+1] = self.items[j+1],self.items[j]
```

（2）测试冒泡排序算法，代码实现如下。

```python
if __name__ =='__main__':
    arr = [3,6,1,7,4,2,9]
    bubble = BubbleSort(arr)
    bubble.bubbleSort()
    print(arr)
```

结果显示如下。

```
[1,2,3,4,6,7,9]
```

9.3.2 快速排序

快速排序是对冒泡排序的一种改进，由 C. A. R. Hoare 在 1960 年提出。它的基本思想是：通过一趟排序将要排序的数据分割成独立的两部分，其中一部分的所有数据都比另外一部分的所有数据要小，然后再按此方法对这两部分数据分别进行快速排序，整个排序过程可以使用递归实现，以此使整个数据变成有序序列。

V9-6 快速
排序

1．算法流程

步骤 1：在序列中选择一个元素作为基准值（一般选取首元素）。

步骤 2：把所有小于基准值的元素都移动到基准值的左边，将所有大于基准值的元素都移动到基准值的右边。

步骤 3：对基准值左边和右边的两个子序列重复步骤 1、步骤 2 的操作，直至所有子序列中只剩下一个元素为止。

2．算法示例

为了说明快速排序的执行过程，这里给出一个例子。对于数组 arr=[6,3,7,1,9,2,4,10]，其中包含了一组无序的数据，执行快速排序操作。

选取基准值 key 为 arr[0]=6，初始序列如图 9-28 所示。初始时，i 指向下标为 0 的元素，j 指向下标为 7 的元素。

图 9-28　初始序列

下标 j 从后向前搜索，直至找到第一个值小于基准元素的关键字。当 j=6 时，arr[j]=4，小于 key。下标 i 从前向后搜索，直至找到第一个值大于基准元素的关键字。当 i=2 时，arr[i]=7，大于 key，交换 arr[i]和 arr[j]，交换后序列如图 9-29 所示。

图 9-29　交换关键字 7 和 4

下标 j 继续向前搜索，直至找到第一个值小于基准元素的关键字。当 j=5 时，arr[j]=2，小于 key。下标 i 继续向后搜索，直至找到第一个值大于基准元素的关键字。当 i=4 时，

arr[*i*]=9，大于 key，交换 arr[*i*]和 arr[*j*]，交换后序列如图 9-30 所示。

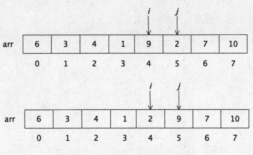

图 9-30 交换关键字 7 和 6

从 *j* 所在的位置继续向前搜索，当 *j*=4 时，arr[*j*]=2，小于 key。下标 *i* 继续向后搜索，直至找到第一个值大于基准元素的关键字。当 *i*=5 时，arr[*i*]=9，大于 key。此时，下标 *i* 刚好越过下标 *j*，如图 9-31 所示。

图 9-31 下标 *i* 刚好越过下标 *j*

此时，交换基准 arr[0]和 arr[*j*]，第一趟快速排序结束，如图 9-32 所示。

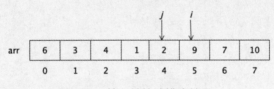

图 9-32 第一趟快速排序结果

对下标 *j*（基准元素所在位置）左边的序列和右边的序列重复上面的操作，直至当前序列为空或只有一个元素，排序结束。

3. 代码实现

（1）快速排序算法的代码实现如下。

```
class QuickSort(object):
    def __init__(self,items):
        # 待排序数组
        self.items = items

    def quickSort(self,left,right):
        '''
        :Desc
            快速排序
        :param
            left:序列的第一个元素的下标值
```

```
            right:序列的最后一个元素的下标值
    '''
    # 如果序列只有一个元素，则排序完成
    if left >= right:
        return
    i = left
    j=right
    # 基准元素，基准元素前的元素均小于基准元素，基准元素后面的元素均大于基准元素
    key = self.items[left]
    while i < j:
        # 从后面向前遍历，将小于基准元素的数值赋给 self.item[i]
        # i 是左边序列的下标值
        while i < j and self.items[j] > key :
            j -= 1
        self.items[i] = self.items[j]
        # 从前面向后遍历，将大于基准元素的数值赋给 self.item[j]
        # j 是右边序列的下标值
        while i < j and self.items[i] < key:
            i += 1
        self.items[j] = self.items[i]
    # 把基准元素交换到下标 j
    self.items[i] = key
    # 在基准元素的左边序列中进行递归操作
    self.quickSort(left,i-1)
    # 在基准元素的右边序列中进行递归操作
    self.quickSort(i+1,right)
```

（2）测试快速排序算法，代码实现如下。

```
if __name__=='__main__':
    arr = [3,6,1,7,4,2,9,10]
    quick = QuickSort(arr)
    quick.quickSort(0,len(arr)-1)
    print(arr)
```

结果显示如下。

```
[1,2,3,4,6,7,9,10]
```

9.4 归并排序

归并排序是建立在合并有序序列操作上的一种排序算法。归表示递归，通过递归把无序列表分为若干个有序序列。并表示合并，将多个有序列合并起来。

1. 算法思想

步骤 1：初始序列 arr 有 n 个元素，可以通过递归的方式，将其拆成 n 个有序的子序列，每个子序列的长度为 1。

步骤 2：将 *n* 个有序子序列两两归并，得到 *n*/2 个长度为 2 的有序子序列。

步骤 3：重复步骤 2，直到得到一个长度为 *n* 的有序序列为止，算法结束。

2. 算法示例

V9-7 归并
排序

为了帮助读者更好地理解归并排序的执行流程，这里给出一个例子。对于数组 arr=[6,3,7,1,9,2,4,10]，其中包含了一组无序的数据，先将数组 arr 拆分为 8 个有序子序列，如图 9-33 所示。

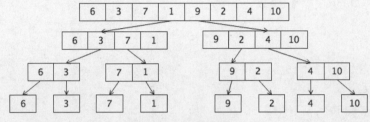

图 9-33 拆分序列

拆分为 8 个有序子序列后，开始两两合并序列，第一次合并后得到 4 个长度为 2 的有序子序列，如图 9-34 所示。

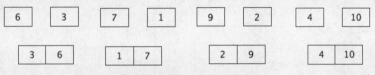

图 9-34 第一次合并序列

继续两两合并当前子序列，第二次合并后得到 2 个长度为 4 的有序子序列，如图 9-35 所示。

图 9-35 第二次合并序列

继续两两合并当前子序列，第三次合并后得到一个长度为 8 的有序子序列，如图 9-36 所示。

图 9-36 第三次合并序列

3. 代码实现

（1）归并排序 mergeSort 类的代码实现如下。

```
class mergeSort(object):
    def __init__(self,items):
```

```python
        # 待排序的序列
        self.items = items
        self.temp = [0 for i in range(len(self.items))]
        self.mergeSort(self.items,0,len(self.items)-1,self.temp)

    def mergeArray(self,items,first,mid,last,temp):
        '''
        :Desc
            把多个有序序列合并成一个有序序列
        '''
        leftstart = first
        leftend = mid
        rightstart = mid + 1
        rightend = last
        # temp 数组的当前下标值
        index = 0
        # 两个有序序列同时存在未归并元素时进行处理
        while leftstart <= leftend and rightstart <= rightend:
            if items[leftstart] <= items[rightstart]:
                temp[index] = items[leftstart]
                leftstart += 1
            else:
                temp[index] = items[rightstart]
                rightstart += 1
            index += 1

        # 对第一个有序序列中可能存在的未归并的元素进行处理
        while leftstart <= leftend:
            temp[index] = items[leftstart]
            index += 1
            leftstart += 1

        # 对第二个有序序列中可能存在的未归并的元素进行处理
        while rightstart <= rightend:
            temp[index] = items[rightstart]
            index += 1
            rightstart += 1


        for leftstart in range(index):
            items[first+leftstart] = temp[leftstart]

    def mergeSort(self,items,first,last,temp):
        '''
        :Desc
            归并排序
```

```
        :param
            items: 待排序的数组
            first: 待排序数组的第一个元素的下标值
            last:  待排序数组的最后一个元素的下标值
            temp: 借助数组 temp 完成归并排序
        :return:
        '''
        if first < last:
            mid = (first + last)//2
            self.mergeSort(items,first,mid,temp)
            self.mergeSort(items,mid+1,last,temp)
            self.mergeArray(items,first,mid,last,temp)
```

（2）测试归并排序算法，代码实现如下。

```
if __name__=='__main__':
    arr=[4,6,1,98,5,20,45]
    merge = mergeSort(arr)
    print(arr)
```

结果显示如下。

```
[1,4,5,6,20,45,98]
```

9.5 小结

　　直接插入排序、直接选择排序和冒泡排序都是简单的排序方法，它们的时间复杂度均为 $O(n^2)$。从稳定性上看，直接插入排序和冒泡排序是稳定的，直接选择排序是不稳定的。

　　在快速排序中，通常以该区间的第一个元素作为基准元素，从第二个元素起依次向后遍历，当被遍历元素大于基准元素时停止；再从最后一个元素依次向前遍历，当被遍历元素小于基准元素时停止，对调两个位置上的元素，继续从两边向中间遍历并交换，直到遍历过程相遇为止，完成一次划分。

9.6 习题

　　1. 若给定的关键字集合为{20,15,14,18,21,36,40,10}，一趟快速排序结束时，键值的排序为（　　）。

　　　　A. 10，15，14，18，20，36，40，21　　B. 10，15，14，18，20，40，36，21
　　　　C. 10，15，14，20，18，40，36，21　　D. 15，10，14，18，20，36，40，21

　　2. 在排序方法中，将整个无序序列分割成若干小的子序列并分别进行插入排序的算法是（　　）。

　　　　A. 希尔排序　　　　B. 冒泡排序　　　　C. 插入排序　　　　D. 选择排序

　　3. 在以下排序算法中，关键字比较的次数与记录的初始排列次序无关的是（　　）。

　　　　A. 希尔排序　　　　B. 冒泡排序　　　　C. 插入排序　　　　D. 直接选择排序

　　4. 在待排序的元素序列基本有序的前提下，效率最高的排序方法是（　　）。

　　　　A. 插入排序　　　　B. 选择排序　　　　C. 快速排序　　　　D. 归并排序

5. 对序列(15,9,7,8,20,-1,4)进行排序，进行一趟排序后，数据的排列变为(4,9,7,8,-1,15,20)，其采用的算法是（ 　 ）。

    A. 选择排序　　　　B. 快速排序　　　　C. 希尔排序　　　　D. 冒泡排序

6. 对长度为 10 的线性表进行冒泡排序，最坏情况下需要比较的次数为（ 　 ）。

    A. 9　　　　　　　B. 10　　　　　　　C. 45　　　　　　　D. 90

7. 排序算法的稳定性是指（ 　 ）。

    A. 经过排序之后，能使值相同的数据保持原顺序中的相对位置不变

    B. 经过排序之后，能使值相同的数据保持原顺序中的绝对位置不变

    C. 算法的排序性能与被排序元素的数量关系不大

    D. 算法的排序性能与被排序元素的数量关系密切

8. 对一组记录（54,38,96,23,15,72,60,45,83）进行直接插入排序，当把第 7 个记录 60 插入有序表时，为寻找插入位置需比较（ 　 ）次。

    A. 5　　　　　　　B. 6　　　　　　　C. 4　　　　　　　D. 3

9. 对下列关键字序列使用快速排序法进行排序时，速度最快的情形是（ 　 ）。

    A. {21,25,5,17,9,23,30}　　　　　　　B. {25,23,30,17,21,5,9}

    C. {21,9,17,30,25,23,5}　　　　　　　D. {5,9,17,21,23,25,30}

10. 若一组记录的排序码为(59,46,79,38,40,84)，则利用堆排序方法建立的初始大根堆为（ 　 ）。

    A. 84，59，79，46，40，38　　　　　　B. 84，79，38，59，40，46

    C. 38，40，59，46，79，84　　　　　　D. 84，46，79，38，40，59

第 10 章　查找

查找是数据结构的一种基本操作。查找算法依赖于数据结构，不同的数据结构需要采用不同的查找算法。如何高效获得查找结果，是本章要解决的核心问题。

10.1　基本概念

1．查找表

查找表是相同类型的数据元素组成的集合，每个元素通常由若干数据项构成。

2．关键字

关键字是数据元素中某个或某几个数据项的值，它可以标识一个数据元素。若关键字能唯一标识一个数据元素，则关键字称为主关键字；能标识若干个数据元素的关键字称为次关键字。

3．查找

查找就是根据给定的 key 值，在查找表中确定一个关键字等于给定值的记录或数据元素。若查找表中存在满足条件的记录，则查找成功，返回所查找的记录信息或记录在查找表中的位置；若查找表中不存在满足条件的记录，则查找失败。

4．静态查找

静态查找指在查找时只对数据进行查询或检索，查找表称为静态查找表。

5．动态查找

动态查找在实施查找的同时，插入查找表中不存在的记录，或从查找表删除已存在的某个记录，查找表称为动态查找表。

6．顺序表的查找

顺序表的查找指将给定的 k 值与查找表中记录的关键字逐个进行比较，找到要查找的记录。

7. 散列表的查找

散列表的查找指根据给定的 k 值直接访问查找表，从而找到要查找的记录。

8. 索引查找表的查找

索引查找表的查找指先根据索引确定待查找记录所在的块，再从块中找到要查找的记录。

查找过程中的主要操作是关键字的比较，查找过程中关键字的平均比较次数（Average Search Length，ASL，也称平均查找长度）是衡量一个查找算法效率高低的标准。ASL 定义为

$$ASL = \sum_{i=1}^{n} P_i \times C_i \qquad \sum_{i=1}^{n} P_i = 1$$

其中，n 为查找表中记录的个数；P_i 为查找第 i 个记录的概率，一般认为查找每个记录的概率相等，即 $P_1 = P_2 = \cdots = P_n = 1/n$；$C_i$ 为查找第 i 个记录需要进行比较的次数。

10.2 顺序查找

1. 算法思想

顺序查找是从顺序表的一端开始，依次将每个元素值同关键字 key 进行比较，若某个元素值等于关键字 key，则表明查找成功，返回该元素所在的下标；若所有元素都比较完毕，仍找不到与关键字 key 相等的元素，则查找失败，返回-1。

顺序查找成功时，平均查找长度为 $ASL = 1/n(1+2+\cdots+n) = (1+n)/2$；查找不成功时，需要 $n+1$ 次比较。

2. 代码实现

顺序查找的代码实现如下。

```python
def seqSearch(self,key):
    for i in range(len(self.items)):
        if self.items[i] == key:
            return i
    return -1
```

10.3 二分查找

二分查找的前提是待查找序列必须是有序的，从小到大或者从大到小。

1. 算法思想

二分查找也称折半查找，取中间元素作为比较对象，若给定关键字 key 值与中间元素值相等，则查找成功；若给定 key 值小于中间元素值，则在中间元素左边的序列中继续查找；否则在中间元素右边的序列继续查找，不断重复，直到查找成功或者查找失败为止。

二分查找可以看作具有 n 个节点的完全二叉树，深度为[log$n$]+1，可以推导出最坏情况下查找到关键字或查找失败的次数为[log$n$]+1，最好情况下是 1。所以二分查找的时间复

杂度为 $O(\log n)$。

例如，有 7 个元素的有序序列 arr=[3,6,7,11,14,18,23]，现在要查找关键字 18，先取中间位置元素作为比较对象，中间元素为 11，11 小于关键字 18，继而在元素 11 的右边序列中进行查找，取右边序列中间元素 18 作为比较对象，元素 18 等于关键字 18，查找成功，返回元素 18 在序列中的下标值。

2. 代码实现

二分查找的代码实现如下。

```
def binarySearch(self,low,high,key):
    while low <= high:
        mid = (low+high)//2
        if self.items[mid] == key:
            return mid
        elif self.items[mid] > key:
            high = mid - 1
        else:
            low = mid + 1
    return -1
```

10.4　分块查找

V10-1　二分查找

分块查找是将一个大的线性表分解为若干块，每一块中元素的存储顺序是任意的，但是块与块之间必须按照关键字大小有序排列，即前一块中的最大关键字要小于后一块中的最小关键字。

1. 索引表

对顺序表进行分块查找时需要额外建立一个索引表，表的每一项对应索引表中的一块，索引项由一个值域和两个指针域组成，值域存放对应块的最大关键字，指针域分别存放指向本块第一个元素和最后一个元素下标的指针。

索引表的定义代码如下。

```
class block(object):
    def __init__(self,key,low,high):
        self.key = key
        self.low = low
        self.high = high
```

2. 基本思想

步骤 1：确定待查找的元素属于索引表中的哪一块。

步骤 2：在块内精确查找该元素。

由于索引表是递增有序的，因此步骤 1 可以采用二分查找，块内元素一般个数较少且无序，因此步骤 2 采用顺序查找即可。

3. 代码实现

（1）二分查找的代码实现如下。

```
def blockSearch(self,key):
    low = 0
    high = len(self.blocks) - 1
    mid = 0
    while low <= high:
        mid = (low+high)//2
        if key < self.blocks[mid].key:
            high = mid - 1
        elif key > self.blocks[mid].key:
            low = mid + 1
        else:
            break
```

（2）块内顺序查找的代码实现如下。

```
def seqSearch(self,cur,key):
    index = self.blocks[cur].low
    while index <= self.blocks[cur].high and self.items[index] != key:
        index += 1
    if index > self.blocks[cur].high:
        return -1
    else:
        return index
```

10.5 B-树

10.5.1 基本概念

B-树中所有节点孩子的个数的最大值称为 B-树的阶,通常用 m 表示,从查找效率考虑,要求 $m \geqslant 3$。一棵 m 阶的 B-树或者是一棵空树,或者是满足以下要求的 m 叉树。

（1）每个节点最多有 m 个分支,而最少分支的那棵树要看是否为根节点,根节点至少有两个分支,非根节点至少有[$m/2$]个分支（[$m/2$]要对 $m/2$ 进行向上取整）。

（2）有 n 个分支的节点有 $n-1$ 个关键字,它们按递增顺序排列。如果树是非空的,则根节点至少包含一个关键字。

（3）节点内各关键字互不相等且按从小到大的顺序排列。

V10-2 B-树

（4）各个底层节点是叶节点,它们处于同一层。

10.5.2 基本操作

1. 查找

B-树是多路查找,由于 B-树节点内的关键字是有序的,在节点内进行查找的时候,除了使用顺序查找之外,使用二分查找可以提高效率。

（1）基本思想

使 key 与根节点中的关键字进行比较,有以下几种情况。

① 若 key 等于 $k[i]$（k 为节点关键字的数组）,则查找成功。

② 若 key<$k[1]$,则到 $p[0]$ 所指示的子树中继续进行查找（p 为节点内的指针数组）。

③ 若 key>$k[n]$,则到 $p[n]$ 所指示的子树中继续进行查找。

④ 若 $k[i]<key<k[i+1]$，则沿着指针 $p[i]$ 所指示的子树继续查找。

⑤ 如果遇到空指针，则证明查找不成功。

（2）算法示例

如图 10-1 所示，这是一个 3 阶 B-树，在该 B-树中查找关键字 63 的过程如下：从根节点查找，因为 63 大于 50，因此沿着根节点中的指针 $p[1]$ 往下走；在子树根节点中查找，因为 63 小于 75，因此沿着子树根节点中的指针 $p[0]$ 往下走；在下层节点中查找关键字 63，算法结束。

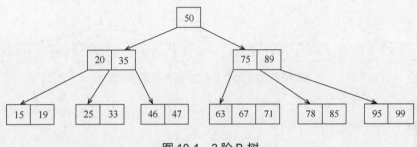

图 10-1　3 阶 B-树

2. 插入

（1）基本思想

步骤 1：确定每个节点中关键字的个数范围，如果 B-树的阶数为 m，则节点中关键字的个数范围为 $[m/2]-1 \sim m-1$。

步骤 2：B-树的插入总是发生在叶子节点上，若是新关键字的插入使得节点中关键字的个数超出规定个数，则需要进行节点的拆分。

步骤 3：取关键字数组的中间位置，即 $[m/2]$ 处的关键字，独立作为一个节点，即新的根节点。将 $[m/2]$ 处关键字的左右关键字分别做成两个节点，作为新根节点的两个分支。

（2）算法示例

用关键字序列 {1,2,6,7,11,4,8,13,10,5,17,9,16,20,3,12,14,18,19,15} 创建一棵 5 阶 B-树。可得知节点内关键字个数为 2～4，向根节点中插入关键字 1、2、6、7，如图 10-2 所示。

| 1 | 2 | 6 | 7 |

图 10-2　向 5 阶 B-树的根节点中插入关键字 1、2、6、7

当插入关键字 11 的时候，发现此时根节点中的关键字个数变为 5，超出范围，需要拆分。取关键字数组的中间位置，即将关键字 6 独立作为一个根节点。将关键字 6 左右侧的关键字分别做成两个根节点，作为新根节点的分支，如图 10-3 所示。

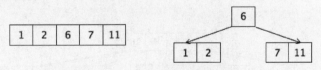

图 10-3　向 5 阶 B-树中插入关键字 11

新关键字总是在叶子节点中插入，继续向叶子节点中插入 4、8、13，如图 10-4 所示。

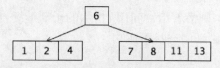

图 10-4　向 5 阶 B-树中插入关键字 4、8、13

继续插入关键字 10，关键字 10 需要插入在关键字 8 和 11 之间，此时又会出现关键字个数超出范围的情况，因此需要拆分。拆分时，需要将关键字 10 并入根节点内，并将 10 左右侧的关键字做成两个新的节点连接在根节点上，如图 10-5 所示。

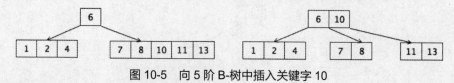

图 10-5　向 5 阶 B-树中插入关键字 10

插入关键字 5、17、9、16，如图 10-6 所示。

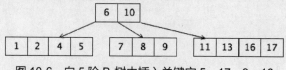

图 10-6　向 5 阶 B-树中插入关键字 5、17、9、16

在关键字 17 后插入关键字 20，造成节点关键字个数超出范围，需要拆分，方法同上，如图 10-7 所示。

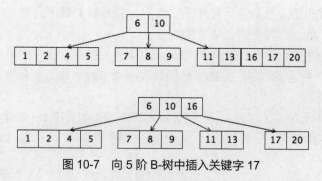

图 10-7　向 5 阶 B-树中插入关键字 17

在关键字 2 后插入关键字 3，节点关键字个数超出范围，需要拆分，方法同上，如图 10-8 所示。

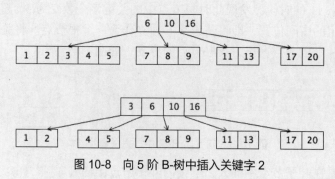

图 10-8　向 5 阶 B-树中插入关键字 2

继续插入关键字 12、14、18、19，如图 10-9 所示。

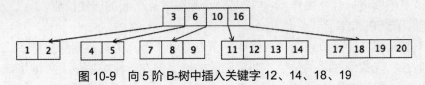

图 10-9　向 5 阶 B-树中插入关键字 12、14、18、19

插入最后一个关键字 15，15 应该插到关键字 14 之后，此时会出现关键字个数超出范围的情况，需要进行拆分。将关键字 13 并入根节点后，根节点关键字个数又超出范围，需要再次拆分。将 10 作为新的根节点，并将 10 左右侧的关键字做成两个新的节点作为新根节点的分支，如图 10-10 所示。

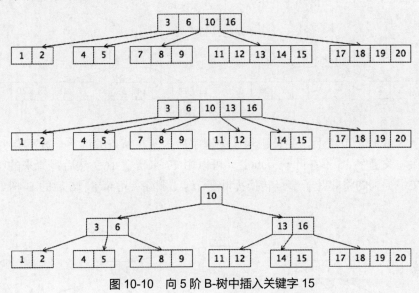

图 10-10　向 5 阶 B-树中插入关键字 15

3. 删除

（1）基本思想

① 删除节点在叶子节点上。

情况 1：节点内的关键字个数大于[m/2]-1，可以直接删除，节点内关键字个数大于关键字个数的下限时，删除不影响 B-树特性。

情况 2：节点内的关键字个数等于[m/2]-1，等于关键字个数下限，删除后将破坏 B-树特性，如果其左、右兄弟节点中存在关键字个数大于 m/2-1 的节点，则从关键字个数大于 m/2-1 的兄弟节点中借关键字。

所谓从兄弟节点借关键字是指采用覆盖操作，用需删除节点的父节点关键字覆盖需删除节点，再用关键字个数大于 m/2-1 的兄弟节点借关键字覆盖父节点，并删除原兄弟节点的借关键字。

情况 3：节点内的关键字个数等于[m/2]-1，等于关键字个数下限，删除后将破坏 B-树特性，如果其左、右兄弟节点中不存在关键字个数大于 m/2-1 的节点，则需要进行节点合并。将其父节点中的关键字拿到下一层，与该节点的左、右兄弟节点的所有关键字合并。

如果出现这种情况，则会使得其父节点中的关键字个数少于规定个数，出现这种情况时需要对其父节点继续进行合并操作。（这就是由于删除节点引起的连锁反应。）

② 删除节点在非叶子节点上。

先将其转换成在叶子节点上，再按删除节点在叶子节点上进行删除操作。

如何转换？先找到相邻关键字，即需删除关键字的左子树中的最大关键字或右子树中的最小关键字（可以先在左子树中，一直按右指针往下找，或在右子树中，按左指针往下找）；再用相邻关键字来覆盖需删除的非叶子节点关键字，并删除原相邻关键字。

（2）算法示例

现在对图 10-11 所示的 B-树进行删除操作，已知图 10-11 中的 B-树为 5 阶 B-树，关键字个数为 2~4 个，删除关键字 8、16。

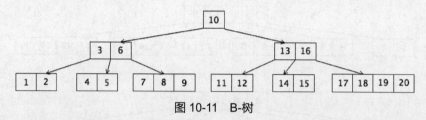

图 10-11　B-树

关键字 8 在叶子节点上，并且删除该关键字后，所在节点关键字个数不会少于 2，可以直接删除。关键字 16 不在叶子节点上，可以用 17 来覆盖 16，然后将原来的 17 删除。这就是上文中提到的将非叶子节点转换为叶子节点。删除关键字 8、16 后的 B-树如图 10-12 所示。

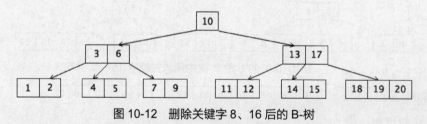

图 10-12　删除关键字 8、16 后的 B-树

删除关键字 15，15 在叶子节点上，可是删除关键字 15 后，15 所在节点的关键字个数小于 2，这时应该向其兄弟节点借关键字，显然，左兄弟节点是不符合要求的，所以向其右兄弟节点借关键字，先用 17 覆盖 15，再用 18 覆盖 17，最后删除 18 即可。删除关键字 15 后的 B-树如图 10-13 所示。

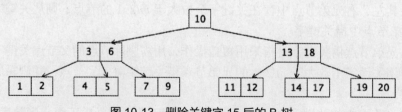

图 10-13　删除关键字 15 后的 B-树

删除关键字 4，此时 4 所在节点中关键字的个数已经是下限，需要借关键字，但其左右兄弟节点的关键字个数也是下限，这里就要进行关键字的合并。在该 B-树中，可以先将

关键字 4 删除，再将关键字 1、2、3、5 合并，或者将关键字 5、6、7、9 合并，如图 10-14 所示。

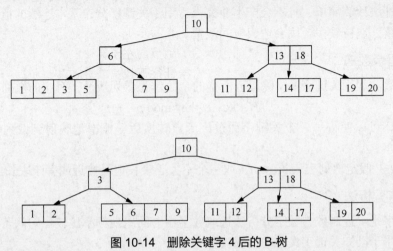

图 10-14　删除关键字 4 后的 B-树

采用不同的合并方式，产生的 B-树是不同的，但是经过不同的合并方法产生的 B-树都不符合 B-树的规定，因为关键字 6 或者关键字 3 所在节点的关键字个数少于 2，对于这种情况，应该继续进行合并，如图 10-15 所示。

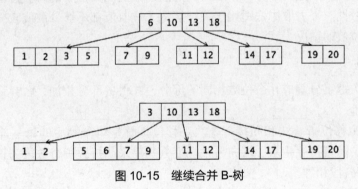

图 10-15　继续合并 B-树

10.6　哈希表

10.6.1　基本概念

哈希表又称散列表，是利用关键字与地址的直接映射关系产生的列表。哈希表的最大优势在于，在理想情况下，一个关键字对应一个存储位置，可以由 key 值找到其在哈希表中的位置。

10.6.2　构造方法

哈希表的目标是使散列地址尽可能均匀地分布在散列地址空间上。根据关键字的结构和分布不同，可构造出与之适应的各不相同的散列函数。

1. 直接地址法

直接地址法以关键字 key 本身或关键字的某个线性函数值为散列地址，对应的散列函

数为

$$H（key）=key+b，其中，b 为常数$$

直接地址法计算简单，且不会产生冲突，适用于关键字分布基本连续的情况，若关键字分布不连续，空位较多，则会造成空间浪费。

2. 除留余数法

除留余数法利用关键字 key 除以 p 所得的余数作为散列地址，对应的散列函数为

$$H（key）=key \bmod p$$

选好 p，可以使得每一个关键字通过该函数转换后等概率地映射到散列空间的任一地址。

p 的选法：假定散列表表长为 m，取一个不大于表长但最接近或等于表长的质数 p。

3. 数字分析法

设关键字是 r 进制数，数字分析法选取数字在上面出现频率比较均匀的若干位作为散列地址，适用于已知关键字集合的情况。

4. 平方取中法

平方取中法取关键字平方中间的几位作为散列地址，一个数平方后中间几位和原始数据的每一位都有关。因此，平方取中法得到的散列地址同关键字的每一位都有关，散列地址有较好的分散性。平方取中法适用于关键字每一位取值都不够分散或较分散的位数小于散列地址所需位数的情况。

5. 折叠法

折叠法把关键字分割成几个位数相同的部分，并将各部分相加，舍弃最高进位后的结果作为散列地址。

折叠法分为移位折叠法和间接折叠法。移位折叠是将分割后的每一部分的最低位对齐，然后相加。间接折叠是从一端向另一端沿分割界来回折叠（奇数段为正序，偶数段为倒序），然后将各段相加。

例如，key=857394859357239，将关键字 key 分割为 5 部分，每部分有 3 位数，采用移位折叠法，散列地址 index=857+394+859+357+239=2706，舍弃最高位后 index=706；采用间接折叠法，散列地址 index=857+493+859+753+239=3201，舍弃最高位后 index=201。

10.6.3 处理冲突

对于不同的关键字 key1、key2，若 key1 不等于 key2，但是 Hash（key1）等于 Hash（key2）的现象叫作哈希冲突。冲突会使查找效率降低，所以需要处理哈希冲突，常用方法有开放地址法和链地址法。

1. 开放地址法

开放地址法就是表中有尚未被占用的地址，当新插入的记录所选地址已被占用时，即转而寻找其他尚未开放的地址。

（1）线性探测法

设散列函数 Hash(key)= key mod $m(1 \leq i < m)$，若发生冲突，则沿着一个探测序列逐个进

行探测，那么，第 i 次计算冲突的散列地址为

$$H_i=(\mathrm{Hash(key)}+d_i)\bmod m(1\leqslant i<m)$$

其中，m 表示哈希表长；Hash(key)是哈希函数，Hash(key)=key mod m；d_i 为增量序列，增量序列为$\{1,2,\cdots,m-1\}$。

例如，有关键字集合$\{5,13,34,27,9,23,15\}$，设哈希表长 $m=10$，哈希函数 Hash(key)= key mod 10，用线性探测法处理冲突，构建的哈希表如图 10-16 所示。

0	1	2	3	4	5	6	7	8	9
			13	34	5	23	27	15	9

图 10-16 构建的哈希表（线性探测法）

只要哈希表未被填满，保证能找到一个空地址单元存放有冲突的元素。

（2）二次探测法

线性探测法可能使第 i 个哈希地址的同义词存入第 $i+1$ 个哈希地址，这样本应存入第 $i+1$ 个哈希地址的元素变成了第 $i+2$ 个哈希地址的同义词。因此，可能会使很多元素在相邻的哈希地址上堆积起来，会大大降低查找效率。故人们引入了二次探测法，其可以改善线性探测法带来的问题。

二次探测法对应的探测地址序列的计算公式为

$$H_i=(\mathrm{Hash(key)}+d_i)\bmod m$$

其中，Hash(key)为哈希函数，Hash(key)=key mod m；$d_i=1^2,-1^2,2^2,-2^2,\cdots,j^2,-j^2(j\leqslant m/2)$；$m$ 为哈希表长。

例如，有关键字集合$\{5,13,34,27,9,23,15\}$，设哈希表长 $m=10$，哈希函数 Hash(key)= key mod m，用二次探测法处理冲突，构建的哈希表如图 10-17 所示。

0	1	2	3	4	5	6	7	8	9
		23	13	34	5	15	27		9

图 10-17 构建的哈希表（二次探测法）

在集合中，发生哈希冲突的关键字有 23、15。

Hash(23)=3，哈希表中下标为 3 的位置上已经存放过元素，造成哈希冲突。所以有 $H_1=(\mathrm{Hash(23)}+1^2)\bmod 10=4$，仍然冲突；$H_2=(\mathrm{Hash(23)}-1^2)\bmod 10=2$，找到空的哈希地址，存入。

Hash(15)=5，哈希冲突，所以有 $H_1=(\mathrm{Hash(5)}+1^2)\bmod 10=6$，找到空的哈希地址，存入。

2. 链地址法

链地址法将具有相同哈希地址的记录（所有关键码为同义词）连接成一个单链表，有 m 个哈希地址就设 m 个单链表，并用一个数组将 m 个单链表的表头指针存储起来，形成一个动态的结构。

例如，有关键字集合$\{5,13,34,27,9,23,15\}$，设哈希表长 $m=10$，哈希函数 Hash(key)= key mod(m)，用链地址法处理冲突，构建的哈希表如图 10-18 所示。

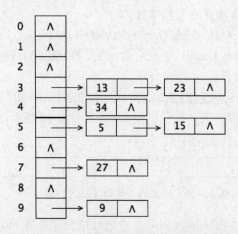

图 10-18　构建的哈希表（链地址法）

10.7　小结

顺序查找既适用于顺序表，又适用于单链表，并且对表中元素的排列次序无要求。顺序表查找的时间复杂度为 $O(n)$，平均查找长度为 $(n+1)/2$。

链式存储是根据元素的关键字计算存储地址的一种存储方法，此地址称为散列地址，用于计算地址的函数称为散列函数，用于存储元素的数组称为散列表。

在散列存储中，所选的散列函数要尽量使元素的存储地址均匀地分布到整个散列存储地址空间中，常用的散列函数采用了除留余数法。

10.8　习题

1. 设有 100 个元素，用二分查找法时，最大比较次数是（　　）。

　　A. 25　　　　　　　　B. 7　　　　　　　　C. 10　　　　　　　　D. 1

2. 设一组初始记录关键字序列为(13,18,24,35,47,50,62,83,90,115,134)，利用二分查找法查找关键字 90 需要比较的关键字个数为（　　）。

　　A. 1　　　　　　　　B. 2　　　　　　　　C. 3　　　　　　　　D. 4

3. 用二分查找法查找表的元素的速度比用顺序法（　　）。

　　A. 必然快　　　　　B. 必然慢　　　　　C. 相等　　　　　　　D. 不能确定

4. 已知 10 个元素 54、28、16、34、73、62、95、60、26、43 按照依次插入的方法生成一棵二叉搜索树，查找值为 62 的节点所需比较的次数为（　　）。

　　A. 4　　　　　　　　B. 3　　　　　　　　C. 2　　　　　　　　D. 5

5. 设顺序线性表的长度为 30，分成 5 块，每块 6 个元素，如果采用分块查找，则其平均查找长度为（　　）。

　　A. 6　　　　　　　　B. 11　　　　　　　　C. 5　　　　　　　　D. 6.5

6. 适用于二分查找的表的存储方式及元素排列要求为（　　）。

　　A. 链接方式存储，元素无序　　　　　B. 链接方式存储，元素有序
　　C. 顺序方式存储，元素无序　　　　　D. 顺序方式存储，元素有序

7. 二分查找的时间复杂度为（   ）。

    A. $O(n\log n)$　　　　B. $O(n)$　　　　　　C. $O(\log n)$　　　　D. $O(n^2)$

8. 衡量查找算法效率的主要标准是（   ）。

    A. 元素个数　　　　B. 所需的存储量　　C. 均匀查找长度　　D. 算法难易程度

9. 如果要求一个线性表既能较快地查找，又能适应动态变化的要求，则可以采用（   ）查找方法。

    A. 分块　　　　　　B. 顺序　　　　　　C. 二分　　　　　　D. 哈希

10. 设散列表的长度为 10，散列函数 $H(n)=n \bmod(7)$，初始关键字序列为(33,24,8,17,21,10)，用链地址法作为解决冲突的方法，平均查找长度是（   ）。

    A. 1　　　　　　　B. 1.5　　　　　　C. 2　　　　　　　D. 2.5